아르메니아에
가고 싶다

한국인의 눈으로 본 첫 아르메니아

아르메니아에 가고 싶다

초판 1쇄 인쇄 2018년 9월 15일
초판 1쇄 발행 2018년 9월 15일

지은이 임수용, 추성수
발행인 유준원
고문 강원국

편집장 서정현
디자인 김영진

발행처 도서출판 더 클
공급처 명문사, 북센
출판신고 제2014-000053호
주소 서울시 금천구 가산디지털 1로 212, 709-3(가산동, 코오롱애스턴)
전화 (02) 857-3086
팩스 (02) 2179-9163
전자우편 thecleceo@naver.com

ISBN 979-11-86920-23-7 (03980)

* 이 도서의 국립중앙도서관 출판예정도서목록(CIP)은 서지정보유통지원시스템 홈페이지(http://seoji.nl.go.kr)와 국가자료 공동목록시스템(http://www.nl.go.kr/kolisnet)에서 이용하실 수 있습니다.

한 국 인 의 눈 으 로 본 첫 아 르 메 니 아

ARMENIA

아르메니아에 가고 싶다

우리에게는 잘 알려져 있지 않은 나라 아르메니아, 조국을 항시 잊지 않는 동포들, 물질적으로 그리 풍요롭진 않지만 서로를 아끼고 나누며 열심히 살아가는 아르메니아 국민들에게서 많은 것을 배울 수 있다. 오늘도 여전히 총성이 울리는 슬픈 나라 아르메니아는 우리와 많이 닮아 있다.

글 **임수용** 사진 **추성수**

RECOMM

추천사

'아르메니아에 가고 싶다' 출간을 진심으로 축하드립니다. 아르메니아는 인간 내면에 가지고 있는 정신적, 영적 본연의 자세를 찾는 트래킹 여행과 자연의 싱그러운 아름다움을 잘 간직한 새로운 관광지로 최근 전 세계적인 각광을 받고 있습니다.

팔순을 바라보는 미당이 인류의 근원을 찾아 떠났다는 코카서스 산맥을 품고 있고, 우리에게는 코카서스 3국(아르메니아, 아제르바이잔, 조지아)으로 더 잘 알려져 있습니다.

아르메니아는 동·서양 교차로에 위치한 지정학적 위치

때문에 수천 년에 걸쳐 강대국들의 침략과 수탈을 받아 왔지만 이에 굴하지 않고 자신들의 언어와 문화를 굳건히 지켜왔습니다.

찬란하진 않지만 유구한 역사를 그대로 간직한 아르메니아, '아르메니아에 가고 싶다' 이 책은 그들의 삶과 일상을 고스란히 담고 있습니다.

지난 1992년 외교관계를 수립한 대한민국과 아르메니아, 그리고 전라북도와 아르메니아는 2017년을 기점으로 서로의 길이 열렸습니다. 길은 필연적으로 문명을 잉태합니다.

앞으로 양국이 만들어갈 새로운 문명의 길을 이 책을 통해 미리 가보시길 바랍니다.

전라북도지사

송하진

추천사

아르메니아공화국 경제개발투자부 산하 국가관광위원회가 한국 독자들에게 축하의 말씀을 드립니다.

우리는 한국인의 눈으로 처음 아르메니아를 한국에 소개하는 '아르메니아에 가고 싶다' 이 책을 매우 높게 평가하며 본 책이 출간되어 기쁩니다.

이 책을 통해 여러분들이 새롭고 안전하고 또한 매력적인 관광지인 아르메니아를 탐험해 보길 바랍니다. 최근 한국인의 아르메니아 무비자 방문이 연간 180일까지 가능해져 더욱 편리하게 아르메니아를 방문할 수 있게 되었습니다.

언젠가는 실제로 아르메니아를 방문해 보기를 권유합니다. 한국은 아르메니아의 중요한 협력국입니다. 우리는 아르메니아와 한국, 양국이 관광 분야의 협력 강화 및 개발을 통해 지속적인 관계를 유지하는 것이 중요하다고 생각합니다.

그런 의미에서 이 책이 아르메니아와 한국의 우호관계 발전에 하나의 초석이 되길 바랍니다.

아르메니아공화국 경제개발투자부

국가관광위원회 의장

히립시메 그리고란

GREENLAND (DENMARK)
ICELAND
FAROE ISLA
CANADA
UNITED STATES OF AMERICA
PORTUG
AZORES (PORTUGAL)
MADEIRA ISLAND (PORTUGAL)
CANARY ISLANDS (SPAIN)
WESTERN SHARAH
MAURITANI
CAPE VERDE
SENEGAL
GUINEA-BISSAU
GUINEA
SIERRA LEONE
LIBERI
MEXICO
THE BAHAMAS
CUBA
SAINT KITTS AND NEVIS
GUADELOUPE
DOMINICA
MARTINIQUE
SAINT VINCENT
BARBADOS
TRINIDAD AND TOBAGO
BELIZE
GUATEMALA
HONDURAS
NICARAGUA
SAN JOSE
PANAMA
VENEZUELA
GUYANA
SURINAME
FRENCH GUIANA
COLOMBIA
GALAPAGOS
ECUADOR
PERU
BRAZIL
BOLIVIA
PARAGUAY
CHILE
URUGUAY
ARGENTINA

세계 속에서의 아르메니아

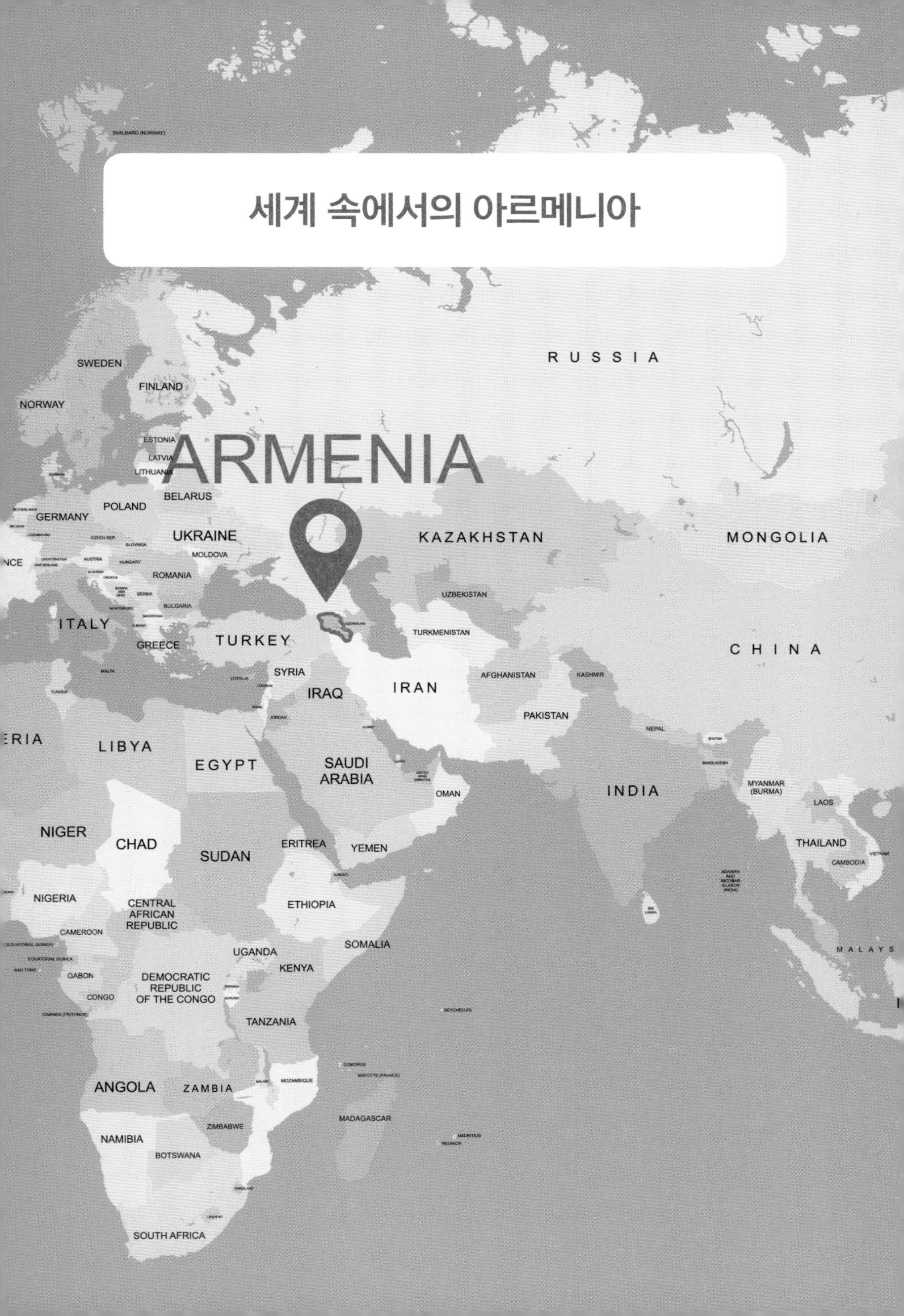

ARMENIA

프롤로그

'아르메니아'

이 이름조차 생소한 국가를 책으로 소개할 것이라고는 1년 전까지만 해도 상상조차 하지 못했다. 아르메니아로 출장을 떠나게 되었지만 사실 솔직히 말하건대, 지구상에 이런 나라가 있었는지조차 모르고 살았다.

국내에 소개된 관련 자료는 많지 않았고, 결국 정보가 거의 없이 아르메니아로 출발하였다. 미지의 세계에 첫발을 내딛듯 호기심 가득하게 출발한 아르메니아….

비행기 안에서 왁자지껄 떠드는 그들, 무사 착륙을 환호

하고 박수치며 즐거워하는 낯선 그들이 궁금해졌다. 그리고 나도 모르게 그들을 관찰하고, 그들의 삶을 기록하기 시작했다.

신화 속 노아의 방주가 도착했다는 아라라트 산을 품고

비행기의 무사 착륙을 하느님께 감사하는 나라.

물고기 한 마리를 잡아도

신에게 감사 기도를 드리는 나라.

모든 것을 하늘에 돌리는 나라.

서기 301년 세계 최초 기독교를 국교로 받아들여 '신이 선택한 나라'라 불리는 나라가 바로 '아르메니아'이다.

영화 글래디에이터의 구슬픈 소리 전통악기 '두둑', 유네스코 세계유산으로 등재된 아르메니아인들의 주식 '라바쉬', 처칠이 반해 스탈린이 해마다 300병씩 보냈다는 '아르메니아 브랜디', 그리스 신화의 신전을 그대로 옮겨놓은 '가르니 신전', 5.7㎞의 세계 최장 케이블카로 기네스북에 등재된 '타테브 수도원' 등은 단숨에 우리를 사로잡기 충분하였다.

또 알면 알수록 우리와 많이 닮아 있었는데, 아르메니아는 러시아, 터키 등 강대국의 틈바구니에서 매일매일 영향을 받고 있다. 휴전선을 마주보고 대치 중인 남한과 북한처럼, 국경을 맞닿은 나라 아제르바이잔과는 나고르노-카라바흐 지역을 놓고 연일 슬픈 총성이 울리고 있다.

제 1차 세계대전 중 강대국 오스만제국(현 터키)에 의해 자행된 200만 명의 '아르메니아 대학살'은 일제 치하 36년간 무고하게 희생된 우리 조상들을 생각나게도 한다.

최근 새로운 정부를 탄생시킨 우리의 촛불혁명처럼 아르메니아 국민들 역시 피 한 방울 없이 '벨벳혁명'이라는 평화혁명으로 독재를 무너트리고 민주 정부를 세웠다.

그래서일까. 300만 아르메니아 국민들과 대학살을 피해 고국을 떠나 해외에 살고 있는 700만 아르메니아 재외동포들의 가슴에는 오늘도 아라라트 산이 우뚝 서 있다. 그들에겐 공통된 희망이 있다. 그것은 바로 조국을 잘 살게 만들겠다는 신념이다.

우리에게는 잘 알려져 있지 않은 나라 아르메니아, 조국을 항시 잊지 않는 동포들, 물질적으로 그리 풍요롭진 않지만 서로를 아끼고 나누며 열심히 살아가는 아르메니아 국민들에게서 많은 것을 배울 수 있다. 오늘도 여전히 총성이 울리는 슬픈 나라, 아르메니아는 우리와 많이 닮아 있다.

chapter 1
사진으로 보는 아르메니아

chapter 2

아르메니아를 알면 동·서 문명을 안다

chapter 3

자연, 인간, 신이 함께 하는 아르메니아

chapter 4

꼭 알아야 하는 아르메니아

ENICE

chapter 1

사진으로 보는 아르메니아

2798

17,15 թ., ՇԻՐԱԿ
ՄԱԼԱԹԻԱ շ.
ԱՎՏՈԿԱՅԱՆ
ՊՐՈՍՊԵԿՏ շ.
Հ.ՀՐԱՊ., ՌՈՍԻԱ
ՏԱՇԻՐ,ԿԱՅԱՐԱՆ
ՀՈՍՊԻՏԱԼ
ԱԹՈՅԱՆ
ԷՐԵԲՈՒՆԻ Ջ-Ծ

20
ARAM str.
CD SHOP

ԸՆԴՈՒՆՎՈՒՄ ԵՆ
ԳՐՔԵՐ
095 12 77 20
Practical
Psychology

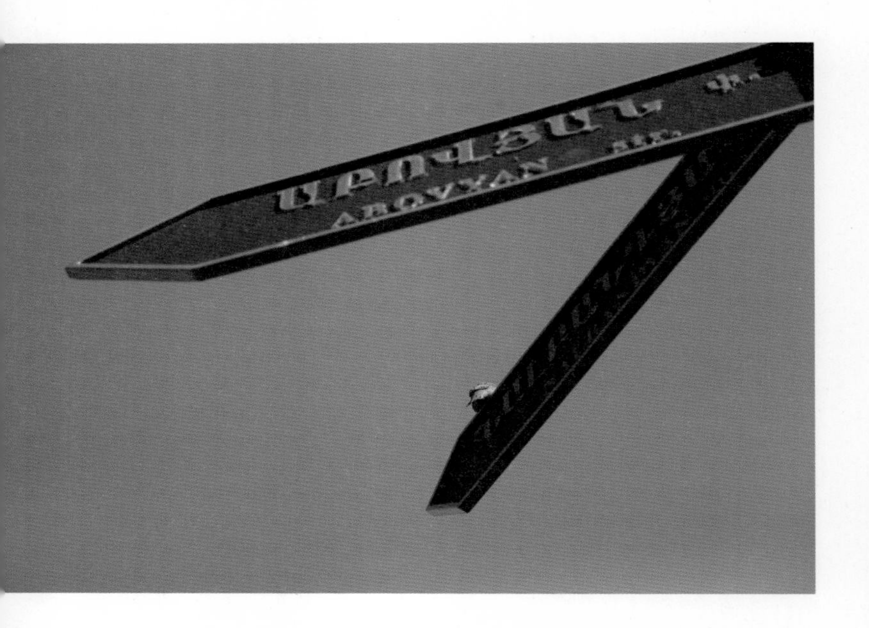
ԱԲՈՎՅԱՆ փ.
ABOVYAN str.

OPENING

ARMPRESS

HAYDUK
ԱՅԲՈՒԲԵՆ
СЛОВАРЬ

LA GALLERIA

www.artworld.am

chapter 2

아르메니아를 알면 동·서 문명을 안다

신이 선택한 나라

아르메니아

한국에서 아르메니아(Armenia)로 가는 직항 비행기는 아직 마련되어 있지 않다. 아르메니아로 가는 가장 빠른 길은 러시아를 경유하는 방법이다. 인천에서 9시간 비행기를 타고

아르메니아 즈바르트노츠 국제공항(Zvartnots International Airport)

모스크바에 도착한 후, 아르메니아행 비행기로 환승하여 3시간 정도 더 가면 아르메니아 즈바르트노츠 국제공항에 도착한다.

최근 코카서스 3국 관광에 대한 인기로 대한항공에서 지난 5월 직항 편을 한 차례 선보이기도 했지만 아직까지는 수요가 적어 환승을 이용해야 한다.

아르메니아는 문명의 요람이라는 별칭이 있을 정도로 오랜 역사를 간직한 나라이다. 성서 속 노아의 방주가 맨 처음 도착했다는 아라라트 산을 품고 세계 최초 기독교를 국교로 공인(**서기 301년**), 신이 선택한 나라라 불리는 아르메니아의 정식 국가 명칭은 아르메니아공화국(Republic of Armenia)이다.

세계 속에서의 아르메니아

아르메니아는 유럽과 아시아를 연결하는 코카서스(**카스피해와 흑해 중간**)산맥에 위치한 지리적 특성으로 인해 오랜 기간에 걸쳐 주변 강대국들의 침략을 받아왔다. 수백 년에 한 번씩 대규모 강제 이주와 추방의 역사가 반복적으로 발생했지만 나라를 잃지 않고 자국 문자를 창제하여 지금까지 유구한 역사와 문화를 지켜왔다.

아르메니아는 총인구 293만 명(2018년), 총면적 약 29,800㎢로 한때는 로마제국과 어깨를 나란히 할 정도로 영토를 보유한 적도 있었다. 하지만 현재는 한반도 1/7 정도의 유라시아 내 작은 나라이다. 1991년 9월 21일 소비에트 연방으로부터 독립하였고 동북쪽으로는 조지아, 남쪽으로는 이란, 서쪽으로는 터키, 동쪽으로는 아제르바이잔과 국경을 접한다.

아르메니아는 바다가 없는 내륙 국가이며 국토의 90% 이상이 해발 1,000m 이상의 고지대에 위치하고 있다. 기후는 고도에 따라 아열대 기후에서 대륙성 기후까지 다양하게 나타난다. 위도는 우리와 거의 비슷(북위 40도, 동경 45도)하며 사계절이 뚜렷하다. 1월 평균 기온은 -2.3도로 6월 평균 기온은 16.3도지만, 여름(7~8월)의 평균 기온은 40도 이상이기 때문에 찌는 듯한 더위를 조심해야 한다. 다행히 습도가 우리나라의 1/3 수준이라 체감 온도는 다소 낮다.

바다가 없고 연간 강수량이 우리나라 여름 강수량 수준도 안 되는 500㎜ 이하이기에 겨울에 많은 눈이 내리진 않으나, 내린 눈을 가두어서 용수로도 사용한다.

아르메니아의 시차는 한국보다 5시간이 느리며, 아르메니아인이 97.9%로 인구의 대부분을 차지한다. 쿠르드인, 러시아인, 아제르바이잔인, 그리스인, 우크라이나인 등이 나머지 소수를 차지하고 있다. 공용어는 아르메니아어이며 소비에트 연방에 속해 있던 때의 영향을 받아서 러시아어도 통용된다.

종교의 경우 전체 인구의 94.7%가 아르메니아 정교를 신봉하고 있으며, 소수민족은 러시아 정교와 이슬람교를 믿기도 한다. 종교문제 때문에 주변 국가인 아제르바이잔, 터키 등과 오랜 기간 분쟁이 있었다. 그런 이유로 아르메니아 방문객들에게는 가급적 종교 이야기는 삼가도록 권유를 하고 있는 상황이다.

아르메니아의 역사적 뿌리

아르메니아의 역사적 뿌리는 중동에서도 가장 먼 과거로 거슬러 올라간다. 아라라트 산(Mt.Ararat)인근에서는 기원전 약 4,000년 경 제작된 것으로 추정되는 신발과 옷가지 등이 발견되었다. 아르메니아 이름의 기원이 되는 '아르미나(Armina)'는 기원전 521년 페르시아의 왕 다리우스 1세의 묘비문에서 처음 발견되었다.

그리스 역사가인 헤로도투스와 크세노폰(기원전 5세기)은 아르메니아를 방대하고 번영하는 나라로 묘사하고 있다. 이 역사가들은 아르메니아인들이 매우 발달된 농업과 무역업을 할 수 있었다고 기록한다.

헬레니즘 시대에 아르메니아는 그리스, 마케도니아 등 주변 강대국의 개입없이 독립적으로 헬레니즘 문명의 요소를 받아들인 유일한 동방의 나라로 기록되어 있고, 아르메니아 왕들은 중동의 상당 부분을 통치하면서 다양한 나라에서 온 사람들이 거주할 수 있도록 자치 도시를 설립하였다. 또 민족 간의 화해 정책을 펼쳤는데 로마제국의 확장 정책에 대항하여 지역 국가들과 함께 투쟁을 했다.

대 아르메니아의 영토는 한때 동쪽으로 카스피해, 서쪽으로는 지중해에 이르렀다. 40년 경부터 기독교가 전래되었는데 약 300여 년의 박해 속에 티리다테스(Tiridates)3세에 의해 서기 301년 기독교를 국가 종교로 채택한다. 더불어 405년 메스로프 마시토츠(Mesrop Mashtots)가 아르메니아 알파벳을 만듦으로써, 고유 문자를 통한 역사와 문학을 기록하여 기독교 문화를 점차 부흥시켜 나갔다.

교회와 신전의 건축물들, 영적 시편(Sharakans), 돌 십자가(Khachkars) 등 문화적인 걸작들이 아르메니아의 독특한 이미지를 만들어 왔으며 중세의 아르메니아는 물질적 세계에 대한 과학적 관심도 높았다.

중세 문명은 점차 번창했고 Ano, Kars, Artsn 등 부유한 무역도시가 사회와 경제의 기반이 되었다. 그리스-비잔틴, 이슬람-아랍 세계의 교차점에 위치한 아르메니아는 적극적으로 양쪽 모든 나라들과 소통했다.

하지만 11~15세기 아르메니아 중세 문명은 비잔틴 제국, 이집트, 몽골, 중앙아시아 유목민 부족들에 의해 침입을 받아 돌이킬 수 없는 타격을 입었다. 이들은 아르메니아 곳곳의 문화유산을 파괴하고 평화롭게 살던 사람들을 죽였다.

아르메니아인들은 주권이 사라졌음에도 불구하고 종교를 중심으로 민족적, 문화적 정체성을 잃지 않고 동서양 문명이 융합된 고대 문화를 보존, 개발하는데 성공하였다.

가장 가까운 나라인 러시아와의 관계는 17세기에 등장한다. 당시 오스만제국과 페르시아제국의 침입으로 위험에 빠진 아르메니아는 러시아에 도움을 요청했지만 결국 복속되어 1639년 강대국들의 분할 통치가 이루어졌으며, 이것은 20세기 초까지 계속되었다.

1914년 제1차 세계대전이 발발하면서 코카서스 지역에서는 오스만제국(터키)과 러시아 간의 각축전이 전개되었다. 많은 아르메니아인들이 러시아군으로 참전하자 터키는 아르메니아인을 탄압하기 시작하였다. 이에 따라 1915~1917년 사이에 많은 아르메니아인들이 죽음을 당했다.

당시 터키에 의해 처형당한 아르메니아인들은 60만~150만으로 추정되며 이를 '아르메니아 집단학살(Genocide)'이라고 부른다. 1917년 10월에 발발한 볼셰비키혁명으로 인해, 러시아 군대는 코카서스 전선에서 물러났고 터키는 아르메니아를 침입하여 알렉산드로폴(Alexandropol)조약이 체결되었다. 이 조약에 따라 아르메니아 군은 무장 해제를 당하고 영토의 50% 정도를 터키에 할양한다.

성공적인 혁명으로 안정을 찾은 소련은 1920년 아르메니아를 침공하였으며 12월 4일 수도 예레반이 함락되면서 소련군 치하가 되었다. 1923년 아르메니아인들이 주민 다수를 점하는 나고르노-카라바흐 지역이 스탈린(Stalin,

1879~1953)의 일방적인 정책으로 아제르바이잔 행정구역에 편입된다. 이는 오늘날까지 아르메니아와 아제르바이잔 간의 영토 전쟁인 나고르노-카라바흐 분쟁의 원인이 되고 있다. 1936년에는 아제르바이잔 소비에트 공화국, 조지아 소비에트공화국과 함께 아르메니아 소비에트공화국이 성립되었다.

소비에트 체제 하에 있던 아르메니아는 소비에트 연방이 붕괴된 후인 1991년 8월 독립선언문을 채택했고, 9월 21일 주민투표를 실시하여 소비에트 연방으로부터 독립을 선언하였다. 9월 21일은 아르메니아의 독립기념일로서 국경일로 지정되었으며, 10월에 현재의 아르메니아공화국이 탄생하였다.

아르메니아 운명의 특이성은 서양과 동양이라는 정반대의 문명을 가진 강대국들 사이에 위치했기 때문에 생겼다. 끊임없는 군사적, 정치적, 문화적, 이데올로기적 충돌 속에서도 아르메니아의 민족 정체성은 유지되어 왔다.

아르메니아 과거 시장의 모습

1919년에 설립된 아르메니아 역사박물관은 공화국 광장에 위치하고 있다. 아르메니아 최초, 최대 박물관이다.

아르메니아의 합계 출산율은 1.36명(2010년 기준)으로 대한민국보다는 약간 높다.

아르메니아

경제와 통치체제

아르메니아 경제 상황에 관해 뚜렷하게 공표된 자료가 국내에는 없다. 다만 2016년 아르메니아 통계청이 발표한 자료를 보면 당시 GDP는 105억 달러(12조 원), 1인당 GDP는 3,525달러이다. 광역자치단체 전라북도의 1년 GDP가 약 46조 원 정도이니 경제 규모가 그리 크지 않음을 알 수 있다.[1]

1) 경제성장률은 0.2%, 화폐는 드람(Dram·AMD)을 사용한다(1$=2017년 4월 기준 약 485.47AMD). 주요 산업별 비중을 살펴보면, 농업 22%, 산업 16%, 도소매 12%, 건설 10%, 금융, 부동산 4%다.

자원이 부족한 아르메니아는 소비에트 연방 시절 원자재를 수입하여 기계부품, 직물 등을 주변 공화국에 제공하는 경제구조였다. 소비에트 연방이 붕괴된 이후에는 집단농장에서 소규모 농장으로 전환되었지만 아직도 러시아에 대한 경제 의존도는 여전히 높다. 그 탓인지 심각한 무역수지 불균형이 지속되고 있으며, 국제 원조를 비롯하여 해외 근로자의 모국 송금, 비정부기구를 통한 후원에 크게 의존하는 실정이다.[2)]

정치적 상황은 최근 격변을 통해 새로운 미래로 나아가고 있다. 아르메니아에서는 2015년 12월 헌법 개정을 위한 국민투표가 실시됐다. 소련에서 분리된 후 줄곧 대통령중심제를 채택했던 아르메니아는 의원내각제(**이원집정부**)를 채택하면서 총리 권한을 확대하는 대신 대통령 직무를 의례적인 역할에 한정하는 것을 골자로 한 국민투표를 실시한

2) 총교역액은 50.74억 달러, 수출액은 17.82억 달러(광물, 보석, 비금속, 식료품), 수입액은 32.92억 달러(광물, 기계장비, 식료품)다.

것이다. 당시 투표율은 50.51%로 과반을 간신히 넘는 유효한 투표가 됐고, 유권자 63.35%가 개헌에 찬성해 2018년부터 다수당의 총수가 총리가 되는 의회 중심의 내각제로 변모했다.

실질적인 통치권은 총리가 보유하며, 의회가 선출하는 대통령은 7년간 재임(현행 5년)하고 형식적인 국가원수로서 국내외 행사에서 국가를 대표하는 역할만을 수행하게 된다. 야당에서는 투표 전부터 개헌이 세르즈 사르키샨 대통령의 통치권 연장을 위한 시도로 보고, 임기가 끝나는 2018년에 총리가 되려고 하는 의도라고 비판한 바 있다.

아울러 투표 후 개표가 끝난 후에도 야당은 2015년 아르메니아 헌법 개정을 위한 국민투표에서 투표함에 부정표가 발견되거나, 폭력 억압으로 투표 매수가 행해지는 등 심각한 부정이 발생했다고 강도 높게 비판했다. 그리고 이런 야당의 비판은 결국 현실로 나타났다. 지난 2008년 대통령에 처음 당선된 사르키샨 대통령은 재임을 포함해 2018년 임기가 끝났지만 실제로 내각제 개헌 후 치러진 첫 총선에서 소속당인 공화당이 승리하면서 퇴임 후 총리로서 권력을 연장할 기회를 갖게 된 것이다.

야당의 비판에 당시 사르키샨 대통령은 유럽 스타일의 민주주의 제도와 민주적 기관을 강화하기 위한 선택이었다고 반발하며 스스로를 합리화했다. 하지만 대통령 퇴임 8일만에 여당인 공화당의 비호 속에 내각제 첫 총리로 선출되어 통수권자로 복귀했다.

그러나 국민들은 이를 그냥 두고 보지 않았다. 야당 측 파슈난 의원은 개인적인 권력 연장에 반대하는 반정부 시위를 벌였고 처음 수십 명에 불과했던 시위대는 순식간에 수백, 수천으로 불어났다. 마치 2017년 대한민국의 촛불혁명과 유사한 모습이었다.

5월 13일부터 가두시위에 나선 시민들은 사르키샨의 총리직 사퇴를 줄기차게 요구해 왔다. 정부 청사가 위치한 예레반 광장에 운집한 시위대 규모가 한때 5만 명에 이르기까지 했다. 전체 인구가 300만 명에 못 미치는 걸 감안하면 상당한 숫자다. 이들은 인접국 조지아의 국경을 가로막기도 했다.

경찰이 섬광수류탄과 최루탄을 동원해 강경진압에 나서면서 시위대 가운데 부상자가 속출하기도 했다. 유로뉴스에 따르면 경찰에 연행된 시위대 인원은 300여 명을 넘었다. 총리 선출 반대로 출발한 시위는 점점 커져 재벌 부패와 심각한 경제 침체 등으로 번져 결국 사르키샨 총리는 반정부 시위가 열린 지 열흘 만인 5월23일 사임을 했다.

이후 반정부 시위를 주도하며 사르키샨을 몰아낸 니콜 파슈난 시민계약당 의원은 총리직에 도전했지만 의회 투표에서 찬성 45표, 반대 55표로 과반수 득표에 실패했다. 다수당을 차지하고 있는 여당 공화당은 파슈난 의원의 총리 선출을 공공연하게 반대해왔던 것이다.

국민들은 야권 지도자가 새 총리에 선출되지 못하자 4만여 명의 국민이 거리로 나와 의회를 규탄하였고, 결국 의회는 파슈난을 총리로 선출했다. 대통령 탄핵을 이끌어냈던 우리의 촛불혁명처럼 피 한 방울 없이 평화적인 시위로만 이른바 '벨벳혁명(Velvet Revolution)3)'을 이끌어냈다.

신임 파슈난 총리는 "이제부터 아무도 우리 아르메니아인의 권리와 자유를 침해할 수 없다."고 선언했고, 현재 국부를 장악한 소수 재벌(올리가르히)과 강력한 재벌개혁 전쟁을 추진하고 있다.

하지만 결코 쉽지는 않을 것이다. 파슈난 총리는 국민의 높아진 기대와 소수 정부를 이끌며 거대 야당의 반대 속에 국가를 이끌어야 하는 어려운 처지에 놓여있다. 그저 그들의 새로운 역사에 건투를 빌 따름이다.

3) 피 한 방울 없이 성공한 국민 혁명을 이르는 말. 벨벳(velvet)은 부드러운 옷감을 지칭하는 데서 유래함

200만 명이 피살당한 아르메니아 대학살

터키(당시 오스만투르크제국)의 이슬람 민족주의자들이 오스만제국 내의 동부 지역에 있던 기독교계 아르메니아인들을 두 차례(1894~1896년, 제1차 세계대전 중이던 1915~16년)에 걸쳐 학살했다. 일반적으로는 제1차 세계대전 중에 일어났던 1915~16년 학살을 '아르메니아 대학살(Armenia Genocide)'이라고 부른다.

제1의 학살(1894~1896)은 1894년 아나톨리아에 거주하던 무슬림과 기독교계 아르메니아인들 간의 대규모 충돌이 발생하여 이를 진압하는 과정에서 아르메니아인들에 대한 무차별 학살과 탄압이 벌어진 사건이다. 그때 약 2만 명 이상의 희생자가 발생하였다고 한다.

일반적으로 아르메니아 대학살이라고 불리는 제2차 학살 사건의 개요는 다음과 같다. 제1차 세계대전 발발을 계기로 아르메니아인들이 오스만 통치자들의 강압 통치에 반발하여 봉기하였고, 오스만제국에 맞서는 게릴라 활동으로 무슬림 촌락이 빈번하게 습격당하였다. 러시아가 오스만제국을 침공하자 많은 아르메니아인들이 러시아군에 입대하여 오스만제국과 싸웠다.

이에 러시아군을 몰아낸 오스만제국은 아르메니아인 중 18~50세의 남자들을 강제 징집하였고, 이들의 대부분은 공사 현장에서 강제 노역을 한 후 집단 사살되거나 질병, 기아 등으로 사망하였다. 부녀자, 노약자, 어린이들 또한 사막으로 강제 추방되어 대부분 기아나 질병으로 사망하였다.

아르메니아 측은 150~200만 명의 아르메니아인이 오스만제국의 군대에 의해 집단 학살당했다고 주장하고 있다.

반면 터키 측은 제1차 세계대전을 전후하여 현 터키 동부의 산악 지역에 거주하던 아르메니아인들이 터키의 적국인 러시아 군대에 가담하여 무장 저항을 하였고, 이들을 진압하는 과정에서 불가피하게 인명이 살상되었기에 집단학살과는 무관하다고 주장하고 있다. 전 세계적으로도 많은 관심을 받아왔으며, 각국의 입장에 다소 차이가 있어 아직도 갈등이 쌓인 상태이다.

지난 2005년 러시아 하원은 터키에 의한 아르메니아인 집단학살 주장을 인정하고 이를 비난하는 결의안을 채택하였다. 러시아 정부는 역사적으로 러시아 통치체제 하에 독립운동을 하던 아르메니아인들의 봉기를 우려하여 아르메니아인들을 우호적으로 대하고 있지만 터키와의 관계를 생각하면 다소 소극적으로 대하는 측면도 있다고 한다.

2007년 미국 하원 외교위원회가 '터키의 아르메니아인 집단학살'을 인정하는 내용의 결의안을 통과시켰고, 하원 본회의에서 두 차례 결의안 통과를 시도하였으나, 미국 정부의 제지와 터키의 반발 등으로 실패하였다.

2011년 프랑스 하원이 제1차 세계대전 말기에 터키군에 의해 자행된 아르메니아인 대량학살사건을 부인하는 행위를 처벌하는 법안을 통과시켰고, 이에 터키와 프랑스가 심각한 외교 갈등을 벌이기도 했다.

2016년 아르메니아를 방문한 프란치스코 교황은 제1차 세계대전 와중에 오스만트루크 통치자들이 아르메니아인 150만 명을 학살한 참극을 아르메니아 대통령궁 연설에서 '제노사이드(Genocide)'라고 지칭하여 터키 외무부의 공식 반박 성명과 항의를 받기도 하였다.

교황은 로마로 돌아가는 동안 기자들에게 '자신의 실수라고 생각하지 않으며, 터키 또한 항의할 권리가 있다.'고 말하고 지난 세기에 3번의 제노사이드가 있었다는 게 자신의 소신이라면서 '오스만제국의 아르메니아인 대학살, 나치의 유대인 학살, 스탈린의 대숙청'이라고 표현하기도 하였다. 그만큼 아직도 풀리지 않은 과거 청산의 문제, 반성과 사과의 숙제가 남겨져 있다.

아라라트 산 인근에는 아르메니아인들의 무덤이 유난히 많다.

고국을 언제나 잊지 않는 '디아스포라'

디아스포라(Diaspora)는 고대 그리스어에서 '~너머'라는 뜻의 '디아(dia)와', '씨를 뿌리다'는 뜻의 스페로(spero)가 합성된 단어다. 본래는 팔레스타인을 떠나 세계 각지에 흩어져 살면서 유대교의 규범과 생활관습을 유지하는 것을 뜻하는 단어였다. 그러나 후에 그 의미가 확대되어 본토를 떠나 타국에서 자신들의 규범과 관습을 유지하며 살아가는 공동체 집단 또는 그들의 거주지를 가리키는 말로 사용되기도 한다.

유라시아 대륙의 교차로에 자리 잡고 있다는 지정학적

이유로 아르메니아는 늘 주변 강대국들의 침략을 받고 점령당하며 수백 년에 한 번씩 대규모 이주와 추방의 역사가 반복적으로 발생했다. 이 고난의 역사를 피해 많은 수의 아르메니아인들이 고국을 떠나 해외로 향했다.

현재 해외에는 아르메니아 인구의 2배 이상인 약 700만 명의 아르메니아 디아스포라가 거주하고 있는 것으로 추정된다. 구체적으로는 러시아에 약 200만 명, 미국에 약 150만 명, 프랑스에 약 70만 명 정도가 거주한다고 한다. 우리가 익히 잘 아는 세계적인 패션 디자이너인 조르지오 아르마니, 테니스 선수였던 안드레 아가시도 아르메니아인이다. 이에 따라 해외에 거주하는 아르메니아 디아스포라가 국제 사회에서 종종 아르메니아의 이익을 대변하는 역할을 수행하기도 한다.

아울러 해외로 진출한 아르메니아 디아스포라는 고국을 버리지 않고 조국인 아르메니아가 잘 사는 것을 목표로 고국에 많은 도움을 주고 있다. 즉 해외에 나가 자수성가해 고국에 많은 투자를 하고, 국민 모두가 사용할 수 있게 땅과 건물들을 기부한다는 것이다.

이들은 또 조국에서 펼쳐지는 행사에 참석하는 것을 큰 기쁨으로 여긴다. 지난 2017년 7월 22일 아르메니아 공화국 광장(Republic Square)에서는 아르메니아 재외동포(디아스포라)가 주최하고 아르메니아 스카우트 연맹이 함께 도와서 진행하는, 4년만에 한번씩 열리는 재외동포들의 올림픽이 열렸다.

700만 디아스포라에게 열려있는 일종의 고향 도민회, 향우회 초청행사 같지만 전 세계 국가별로 아르메니아만의 올림픽을 개최한 것이다. 예를 들어 재파리 아르메니아 단일팀, 재런던 아르메니아 팀들이 참석해 스포츠 대력을 펼친다. 재외 아르메니아인들이 상당히 기다리는 행사라고도 한다.

실제로 그때의 올림픽 역시 세계 각국에 사는 아르메니아 동포들이 손꼽아 기다렸으며, 러시아 공항에서 아르메니아행 비행기에서 만났던 대부분은 그 행사에 참가하기 위한 사람들이었다.

아울러 정부가 함께하는 행사이지만 정부 대표가 주가 되는 것이 아니라, 신이 선택한 기독교 국가답게 신부님들이 자리를 빛냈다. 함께하게 된 아르메니아인들에게 축복을 내려주는 기도를 올리는 것도 특이했다. 이 행사가 주는 울림은 생각보다 컸다.

아르메니아의 모든 사람들이 스포츠를 통해 조국을 사랑하는 마음을 키우고, 전 세계로 갈라져 살지만 조국을 향한 마음을 잃지 않는다는 것. 그리고 성공해서 아르메니아로 돌아와 고국을 발전시켜야겠다는 의지는 왠지 마음 한켠을 뭉클하게 만들었다.

올림픽 개최를 알리는 아르메니아 스카우트 대원들의 힘찬 나팔소리

참여한 국가의 깃발을 들고 있는 스카우트 대원들

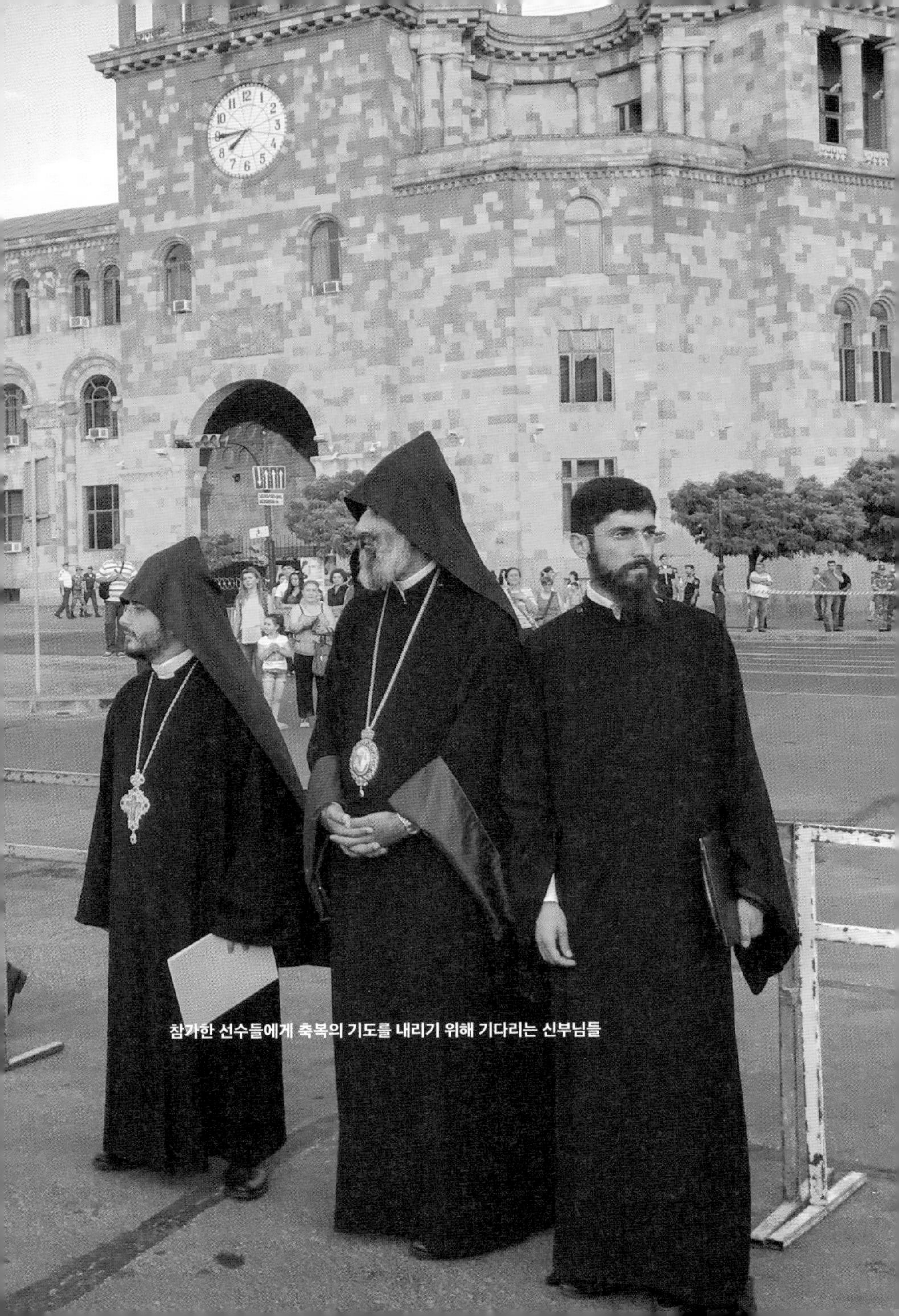

참가한 선수들에게 축복의 기도를 내리기 위해 기다리는 신부님들

동·서 문명의 교차로,

수도 예레반

1918년 이래 아르메니아 수도인 예레반(Yerevan)은 고대어 '에레부니(승리를 뜻함)'에서 유래되었다. 아르메니아의 행정, 문화, 산업 중심지로 기계 제조, 금속업, 포도주와 브랜디 제조, 담배 제조업이 발달했다.

아르메니아 최대 공항 즈바르트트노츠 국제공항(1961년 건설), 46개 버스 노선, 24개의 트롤리버스 노선이 운행되고 있다. 세계에서 매우 오래된 도시들 중 하나로, 로마보다 29년 먼저 생겨났을 정도다.

상호 교류 속에 우호협약을 체결한 도시는 이탈리아 피

렌체, 그리스 아테네, 캐나다 몬트리올, 미국 로스앤젤레스, 러시아 모스크바 등이다. 동과 서가 만나는 문명의 교차로라는 지리적 위치 때문에 이 지역에서는 전쟁이 끊이지 않았다. 가난에 시달렸지만 이에 굴하지 않고 고유문화와 전통을 간직하고 있는 이곳은 예레반 집중화 현상이라는 이면도 존재한다.

우리나라도 인구의 20% 이상인 1천만 명이 서울에 살고, 인천, 경기도까지 전 국민의 40% 이상이 수도권에 거주하고 있다. 우리가 수도권 집중화 현상이 심한 것처럼 아르메니아의 상황 또한 마찬가지다.

국가의 전체 인구가 300만이 안 되지만 인구의 1/3 이상이 수도 예레반에 살고 있다. 약 112만 명이 거주하면서 모든 것이 집중된 과밀 지역이라 정부, 특히 업무를 담당하고 있는 국토개발부에서도 국토의 균형발전이 늘 고민이라고 한다.

실제로 우리가 느낀 것도 수도인 예레반 지역과 인근은 여타 서양의 도시들과 마찬가지로 휘황찬란한 네온사인이 불야성을 이루고 버거킹과 KFC를 즐기고 있었다(현대 자본주의의 상징인 스타벅스와 맥도날드는 아직 들어오지 않음).

하지만 우리가 직접 방문한 아르마비르 주를 포함해 예레반 외곽으로 조금만 나가도 우리의 60~70년대가 연상되는 옛 우리네 농촌 지역과 다를 바가 없다. 고속도로는 커녕 예레반에서 잘 뚫렸던 길들이 어느새 2차선 도로로 좁혀지면서 차량 운행이 불편했다. 피부로 느껴지는 발전의 격차는 훨씬 더 심해 보였다.

물론 우리도 과거엔 유사한 상황이 있었다. 참여정부에서 지방 균형발전정책을 시도하지 않았다면 마찬가지였을 수도 있다. 이에 아르메니아 국토부 관계자에게 과거 한국 정부에서 수도권 과밀화를 해소하기 위해 세종시에 행정복합도시를 만들고, 전국에 혁신도시를 만들어 공공기관들을 분산했던 사례를 들려주었다.

덧붙여 현 문재인 정부에서도 연방제 수준에 버금가는 지방분권 정책을 펼 것이며, 참여정부의 정신을 계승하여 혁신도시 시즌2로 균형발전에 많은 관심을 갖고 있다고 전

달했다.

그러자 아르메니아 국토부 관계자는 우리의 균형발전 정책에 주목하면서 반드시 한국 사례를 적극 참고하겠다는 말과 함께 관련 자료들을 꼭 보내줬으면 한다는 부탁을 남기기도 하였다.

오래된 도시 예레반은 동서양의 교차지로 많은 유적과 유물들이 남아 있다.

코카서스 3국과 주변국

아르메니아, 아제르바이잔, 조지아는 코카서스산맥을 중심으로 분포해 있어 코카서스 3국이라고 불린다. 한국에서의 아르메니아는, 독자적인 이름보다는 코카서스 3국으로 더 잘 알려져 있다. 이 나라들은 사람의 발길이 많이 닫지 않은 새로운 관광지로서 각광을 받고 있다. 이들 세 나라는 소비에트 공화국을 함께 이루고 있던 러시아, 인접 국가인 터키, 이란과 서로 얽히고설키며 오늘날에도 깊은 관계를 맺으며 살아가고 있다.

러시아의 영향력은 아직 막강함

과거 소련은 미국과 군비 경쟁으로 과학의 발전이 굉장히 빨랐다고 하며 그 영향으로 달나라 우주선을 먼저 보냈다. 소련이 전략적으로, 아르메니아 지역은 물리학을 대표로 양성하여 지금도 아르메니아 물리학 수준은 매우 높다.

지금은 나라가 분리되어 있지만, 정치, 경제, 문화에서부터 군사 분야에 이르기까지 러시아의 영향력은 아직도 막강하다. 아르메니아는 러시아와 전략적 동반자 관계를 형성하고 있는데 700백만 명의 해외 동포 중 약 200만 명이 러시아에 살고 있다. 러시아에서 출발하는 아르메니아행 비행기에서 만난 아르메니아인들의 짐은 핸드캐리어 정도다. 우리가 제주도 다녀오는 기분으로 오고가고 한다는 것이다.

대 러시아 교역량은 아르메니아 총교역량의 23%를 차지하고 있다. 특히 대 러시아 에너지 의존도가 심화되어, 2003년에는 9,400만 달러 규모의 대 러시아 외채 출자 전

환이 성사되었다. 또한 아르메니아 에너지 기업 다수와 철도 분야 지분이 러시아에 양도되었고, 산업과 통신 분야에 대한 러시아 투자도 점차 확대되고 있는 실정이다. 특히 군사 분야에서는 1995년 양국 간 협정에 따라 러시아는 아르메니아 기우므리(Gyumri) 지역에 102 비행대대를 배치하고 있다.

점차 심화되고 있는 러시아 의존도를 우려하여 전략적 동반자 관계를 재고해야 한다는 의견도 나오고 있지만, 고립되어 있는 아르메니아 입장에서는 러시아가 역내 유일한 필수불가결한 동맹국이다. 최근 조지아와 아제르바이잔이 친서구적인 외교정책을 펼치고 있기에 이에 대응 방안으로 러시아와는 특수한 협력관계를 심화·발전시켜 나가기를 희망하고 있다.

참고로 최근 '아르메니아 신임 총리'를 가장한 장난 전화에 보리스 존슨 영국 외무장관이 속는 해프닝이 있었다고 한다. 존슨 영국 외무장관은 최근 본인을, 신임 아르메니아 총리 '니콜 파슈난'이라고 밝힌 사람과 국제관계를 논의했다고 한다. 요지는 다음 주 블라디미르 푸틴 러시아 대통령을 만나기로 했다며 존슨 장관에게 조언을 구했다는 것이다.

파슈난 총리라고 굳게 믿은 존슨은 당선을 축하한다는 덕담과 함께 '당당하게 의지를 드러내라.'라는 조언을 해줬다. 통화는 20분 가까이 지속됐고 사칭자는 "푸틴이 나를 신경작용제인 노비촉으로 중독시키지 않았으면 좋겠다. 그래서 해독제를 지니고 다니려 한다."는 발언을 했는데, 대화 내용이 이상한 것을 눈치 챈 존슨 장관은 전화를 끊었다고 영국 외무부가 밝혔다.

사칭자는 앨런 덩컨 외무부 차관에게 먼저 전화를 걸어 장관의 전화번호를 알아냈다고 한다. 장난전화를 건 인물이 누구인지는 알려지지 않았지만 항간에는 장난전화의 배후에 러시아 정부가 있다는 소문도 돌고 있다. 이는 현재까지도 러시아의 영향 아래 있는 아르메니아의 상황을 잘 보여주는 에피소드가 아닌가 싶다.

떼레야 뗄 수 없는 러시아, 아직도 아르메니아는 정치와 경제, 사회, 문화 각 분야에 걸쳐 러시아의 직간접적인 영향을 받고 있다.

조지아는 인류 최초의 와인 생산지

조지아(Georgia) 역시 1990년 구소련이 붕괴되면서 독립한 아르메니아 북쪽에 있는 신생 국가다. 카프카즈 산악 지대에 위치해 교통, 교역의 중심지 역할을 했던 국가로 아르메니아와 마찬가지로 지리적 특성상 주변국들로부터 끊임없는 침략을 받아왔다. 인구 450만의 작은 나라이며, 수도는 트빌리시이다.

1인당 GDP 국내총생산은 약 5,900달러이며, 러시아명으로는 그루지아로 불렸으나, 독립 후 러시아의 영향에서 벗어나기를 바라는 친미 정부에서 조지아로 불리길 원하여 지금은 '조지아'라고 불리고 있다. '조지아'는 유명한 친미 대통령이었던 전 대통령 미헤일 사카시벨리가 나라 이름으로 바꾼 것이다.

36세의 미 유학파 젊은 대통령이 미국 유학 당시에 조지아 주를 본 경험 때문에 국명을 그대로 옮겨쓰는 한편, 미국의 협조로 모든 부처의 수장을 젊은 층으로 교체하고, 혁신과 개혁을 추진하였으며, 부패가 가장 심했던 경찰들을 모두 새로 뽑았다. 그렇게 나라를 2004년부터 2013년까지 십년 정도 통치하였다고 한다.

하지만 자신도 권력 남용으로 국민들의 신뢰를 잃고 3선에 실패하였으며 결국 사기 혐의로 기소되기까지 하였다. 반정부 시위로 외출도 마음대로 못하는 대통령으로 유명해지다 결국 우크라이나로 망명을 하였다.

조지아는 인류 최초의 와인 생산지이자 프랑스, 칠레 등과 더불어 세계적인 품질을 자랑하는 와인의 생산국이다. 아이러니하지만 과거 문명의 발달에 뒤쳐지고 이에 따라 비옥한 자연에서 난 청정한 음식들이 풍부하기에 세계 4대 장수국 중의 하나로 꼽힌다.

유서 깊은 정교회 유적지들, 프로메테우스의 전설을 담고 있는 빼어난 비경의 카즈베키 만년설, 흑해를 품고 있는 비투미 해변, 유럽에서 가장 높은 마을인 메스티아, 와인의 주산지 말라자니 벨리 계곡, 세계에서 가장 높은 해발 2,200m의 유네스코 장수마을 꼬쉬기마을 등 조지아는 유럽에서도 각광받는 숨은 비경의 나라다.

조지아 와인은 러시아 군용도로 때문에 더욱 유명해졌다. 러시아 군용도로의 기원은 러시아를 다스렸던 예카테리나 여제가 군사들을 동원하여 건설한 군사도로라고 한다. 당시 코카서스산맥을 넘어가서 3개국을 정복한 것을 기념한 비가 여전히 군사도로 위에 있다.

당시 코카서스 군사도로로 이동되던 도로가 산업도로가 되면서 내수 시장에 의존하던 조지아 와인이 더욱더 유명세를 탔고, 도로를 타고 조지아 와인의 90%가 수출되고 있다. 조지아는 1인당 GNP가 5,000달러에 불과하지만 바투미 해변에서는 그러한 경제적 열악함이 느껴지지 않을 정도로 밤에는 화려한 불빛, 분수쇼, 불꽃놀이가 진행된다. 매일같이 축제의 밤처럼 느껴진다.

아르메니아는 지정학적인 고립 상황을 타개하기 위해 조지아 내의 아르메니아인 차별에도 불구하고 조지아를 중요한 협력 상대국으로 간주하고 있다. 주변국 눈치를 보며 터키와 아제르바이잔이 추진하고 있는 사업에도 참여하고 있는 실정이다.

아제르바이잔과 전쟁 중인 아르메니아는 인접국가들과 전략적으로 동맹을 맺고 있다.
최초 와인 생산지인 조지아도 그 중 하나이다.

세계적인 산유국 아제르바이잔

정식 명칭은 아제르바이잔공화국(Republic of Azerbaijan)이며 북쪽으로는 러시아, 남쪽으로는 이란, 서쪽으로는 아르메니아, 조지아와 국경을 접하고 동쪽으로는 카스피해 연안을 끼고 있다. 면적은 우리나라보다 조금 작은 86,600㎢(한반도의 약 40%)이고, 인구 950만 명이며, 수도는 바쿠다. 아제르바이잔어를 공용어로 사용하며 인구의 약 93%가 이슬람교를 믿는다.

불을 숭상했던 나라, 불의 왕국이라 불리는 아제르바이잔은 기원전 7세기경 역사에 등장하였고 이후 아랍인들의 지배, 셀주크투르크에게 정복, 몽골의 침입, 페르시아의 지배 등을 겪었다. 그 후에도 오스만투르크인들의 침입을 받아 1735년부터 페르시아의 지배를 받았고, 1805년에는 일부 지역이 러시아의 보호령이 되었다.

19세기 후반에 석유가 발견되어 1900년에는 세계적인 산유국이 되었다. 세계에서 가장 큰 내륙호인 카스피해가 있고 국토의 어느 곳을 파도 석유가 나올 정도로 풍부한 석유 매장량을 보유하고 있으며, 이에 많은 러시아인이 이주하였다. 1922년에는 구소련을 구성하는 공화국의 하나로 편입되었으나 1936년, 아제르바이잔 소비에트사회주의공화국으로 분리되었다. 소비에트 연방을 이루고 있다가 1990년 12월 아제르바이잔공화국으로 개칭한 후 1991년 10월 공식적으로 독립하였다.

마을 곳곳에는 우리나라 시골 마을마다 세워진 전봇대 숫자보다 훨씬 많은 석유 시추기가 있고 심지어 유전 연못까지 있다. 축복의 나라로까지 불리지만 모두 국가소유이다. 석유 생산시설은 나라의 부를 상징하지만 국가에서 직접 관장하기 때문에 1인당 국민소득은 약 8,000달러 정도에 불과하다.

아제르바이잔을 불의 나라로 일컫는 것에는 두 가지 이유가 있다. 첫째, 아제르바이잔의 상징이기도 한 석유와 천연가스에서 불꽃이 나오기 때문이다. 둘째, 아제르바이잔인이 불에 맞서는 용맹한 민족이라는 뜻도 포함되어 있기 때문이다.

아제르바이잔의 정치체제는 대통령중심제이며, 대통령은 국가를 대표하며 연임이 가능하며 임기는 5년으로 국민에 의해 선출된다. 하지만 전쟁이 일어나면 헌법이 정지되며 대통령의 임기가 새로 시작되는 독특한 규정이 있다. 때문에 일함 알리예프가 2003년부터 현재까지 대통령직을 수행하고 있는데 통치를 이어가기 위해 전쟁을 일부러 일으킨다는 이야기도 전해진다. 공항의 이름(바쿠 하이데리 알리예프)까지도 3대 대통령이었던 아버지의 이름에서 따왔다.

아제르바이잔인들은 노래와 춤, 무도회 등을 즐기는 예술성과 낭만성이 강한 민족이라고 일컬어진다. 석유 생산에 따른 부의 축적으로 19세기 말~20세기 초에는 지난 11~13세기의 문화황금기에 버금가는 문화 중흥기를 경험하였다. 러시아 제국 내의 터키인, 이슬람인들에게 영감을 주어 이슬람 최초 극장과 오페라극장이 세워진 것으로 유명하다.

아제르바이잔 영토 내에서 아르메니아인이 많이 거주하는 지역인 나고르노-카라바흐에서 1989~1992년까지 일어난 대량학살과 무력 충돌은 심각한 국제 정치 문제가 되었다. 아직도 분쟁 중에 있고 민스크그룹(미국, 러시아, 프랑스)의 중재로 나고르노-카라바흐(Nagorno-Karabakh) 분쟁에 대한 협상이 진행 중이지만 교전은 수시로 벌어지고 있다.

불을 뜻하는 '아제르' 땅을 뜻하는 '바이잔'의 합성어 아제르바이잔은 불의 나라, 세계적인 산유국으로 명성을 쌓아가고 있다.

터키와는 대립관계 지속

아르메니아와 터키는 20세기 초에 자행된 터키의 아르메니아인 학살로 인해 국경이 봉쇄되어 있다. 하지만 분쟁과는 별개로 양국 간 관계 정상화와 교류를 위해 대화를 하고 있는 상황이다. 100여 년 동안 유지되어 온 긴장과 반목관계를 청산하고 국경 개방과 외교관계 정상화를 목표로 2009년 10월 10일 '국교 수립 의정서'와 '관계 발전을 위한 의정서'를 체결한 후 2009년 10월 14일 아르메니아 대통령이 터키를 전격 방문함으로써 양국 간 관계 개선의 틀을 마련하였다.

이후 터키 측이 양자관계의 정상화 문제를 나고르노-카라바흐 문제와 연계(터키와 아제르바이잔은 서로 형제국으로 인식, 나고르노- 분쟁이 일어났을 때 터키는 아제르바이잔에 군사적인 지원을 했음)하여 상기의 의정서에 대한 비준을 하지 않았다. 이에 따라 아르메니아는 2018년 3월 1일 세르즈 사르키샨 대통령이 국가안보회의에서 국교 수립 의정서에 서명한 지 9년이 지났지만 터키가 의정서 비준과 약속 이행을 위한 조치를 취하지 않는다는 명목으로 터키와의 국교 정상화 절차를 무효로 한다고 밝혔다.

양국은 지금도 대학살 문제뿐만 아니라, 인접 국가와의 정세 등이 얽혀 있기에 국경이 폐쇄된 채, 외교 관계 수립에 마찰을 빚으며 대립 관계를 지속하고 있다. 벨벳혁명으로 태어난 파슈난 정부가 실타래처럼 꼬인 국제관계를 어떻게 풀어갈지 향후 주목된다.

나고르노-카라바흐 분쟁

1920년 코카서스 지역이 소련에 복속·지배당한 후 나고르노-카라바흐(Nagorno-Karabakh) 지역(약 4,300㎢)은 아르메니아에 귀속되었다. 하지만 1924년 스탈린의 행정 편의주의에 의해 NK지역(이하 NK지역)이 아제르바이잔 영토로 편입되었고, 소련은 여기에 자치권을 부여하였다.

이슬람교도인 소수 아제르바이잔인(2.6만 명, 약 20% 추정) 다수가 기독교도인 아르메니아인(10만여 명, 약 80%)을 통제해 온 것이 분쟁의 주요 원인이며, 1992년 러시아군이 아제르바이잔에서 철수한 이후 아르메니아의 NK지역 점령으로 약

100만 명의 난민이 발생하였다. 현재는 아르메니아가 실효 지배 중인 영토분쟁 지역이고 수십만 명의 난민이 NK지역 주변의 대규모 난민촌에 거주한다고 한다.

초기에는 아제르바이잔의 내전 형태로 발발하였으나, 이후 양국의 전면전으로 발전한 분쟁이며 1994년 휴전 이후에도 분쟁이 지금까지 이어져오고 있다. 현재 민스크그룹(미국, 러시아, 프랑스)의 중재로 협상이 진행 중이지만 현재도 국지적인 교전은 자주 벌어지고 있다.

민족·종교·영토 간 문제가 다각적으로 얽힌 복합적인 분쟁으로 평가받고 있다. 지리적으로도 중동 지역에 위치하고 있어 양국의 전면전은 주변국들의 개입을 촉발할 수 있는 충분한 요인이다. 우리나라는 당사국 간의 평화적 해결을 지지한다는 중립적 입장을 유지하고 있지만, 아제르바이잔 측은 이에 대해 여러 차례 불만을 표명하였다고 한다. 빠른 시일 내에 평화적으로 해결되길 바란다.

한국과의 수교는 1992년

1991년 12월 소비에트 연방의 해체로 독자적인 외교권을 갖게 된 아르메니아는 이듬해인 1992년 2월 21일 한국과의 수교에 합의하였다. 아르메니아에는 현재 대한민국 재외공관이 설치되어 있지 않다. 주 러시아 한국대사관에서 관련 업무를 관장하며 아르메니아 대사 또한 주 러시아 한국 대사가 겸임하고 있다. 교민은 약 30여 명(2014년)이다.

아르메니아도 마찬가지로 한국에는 재외공관을 설치하지는 않고 있으며 주 일본대사가 도쿄에 상주하면서 주 한국대사를 겸임하고 있다. 북한과는 한국보다 며칠 앞선

1992년 2월 13일에 외교관계를 수립하였다.

한국과 아르메니아와의 교역 현황은 약 11.2백만 달러로 수출은 7.5백만 달러(자동차, 연초류, 타이어, 전자기기), 수입은 3.7백만 달러(의류, 비금속 광물 등), 대 아르메니아 투자는 12만 달러(2016년 기준)로 파악되고 있다. 아르메니아와 한국 간의 교역은 2000년대 들어 지속적으로 증가세를 보여왔으나, 우크라이나 사태(2013년 말)[1] 이후 러시아 경제 침체 등의 여파로 감소하는 추세에 있다.[2]

한-아르메니아 간 교역 품목은 장기적인 계약에 의한 지속성보다는 1회성 수출, 수입에 의존하는 경우가 많아 연도별 수출입 주요 품목의 변동이 매우 심하다. 양국은 투자보장협정, 경제과학기술협력협정, 세관상호지원협력협정 등 경제 분야에서 상호간 협정의 체결을 추진하고 있다.

1) 우크라이나 크림반도를 둘러싼 우크라이나 좌(친 서방, 유럽)와 우(친 러시아)간의 충돌 사태

2) 1,800(2010) ⇨ 2,600(2011) ⇨ 2,700(2012) ⇨ 3,400(2013) ⇨ 1,800(2014) ⇨ 1,100(2015)(교역 규모 단위 만 달러).

대한민국의 대통령이 아르메니아를 공식 방문한 적은 없으나 내각제가 되기 전 마지막 대통령제 하의 대통령인 샤르키샨 아르메니아 대통령은 2012년 3월 핵 안보 정상회의 참석차 한국을 공식 방문한 적이 있고, 2014년 1월에는 비공식적으로 방한한 적이 있다. 또 아르메니아 외교부 측의 요청에 따라, 우리 정부는 유엔난민기구(UNHCR)을 통해 아르메니아 내 시리아 난민에 70만 달러를 지원한 바 있다.

미국에 거주하는 아르메니아계 디아스포라들은 미국 LA 글렌데일 위안부 소녀상 건립에 적극 참여했는데, 이는 아르메니아인들이 오랜 기간에 걸쳐 외세의 침략을 받아온 한국에 일종의 동병상련의 감정을 느껴 매우 우호적인 감정을 갖고 있다고 한다.

2014년 7월에 체결된 한-아르메니아 문화협정(**문화, 체육 및 교육 분야에서의 협력에 관한 협정**) 체결에 의해 한국의 날, 예레반 한국영화제들이 추진되어 왔다. 2016년에는 역대 최대로 298명의 아르메니아인들이 한국에 입국하였다고 한다.

2017년은 한국-아르메니아 수교 25주년이 되는 해로, 아르메니아 내 한국 문화제가 개최되었고(6.2~6.4), 한국 영화제, 한국전통예술원 공연, 관광사진전, 태권도 시범, K-POP 페스티벌이 개최되었다. 양국은 수교 25주년을 기념하여 서로 간의 관계를 더욱 발전시켜 나가기로 하였다.

아르메니아와
전라북도의 인연

아르메니아와 가장 가까이 있는 한국, 전라북도

아르메니아와 가장 가까이 있는 한국의 지방정부는 전라북도이다. 전라북도와 아르메니아와의 인연은 전북이 '2023 세계스카우트잼버리'를 유치하려던 2016년 10월 경으로 거슬러 올라간다.

당시 전라북도는 전세계 청소년들의 축제 세계잼버리를 전북 새만금에 유치하기 위해 전세계 스카우트 회원국과 대륙별 총회를 돌며 홍보활동을 하고 있었고, 조지아, 벨라루스, 우크라이나 등 유라시아 9개국이 참여하는 2016년 유라시아 스카우트 총회(아르메니아 예레반)에 유치 추진단을 파견하였다.

사실 유라시아 대륙에서의 유치 활동은 상당히 어려움이 많았다고 한다. 유라시아 대륙은 유럽과 아시아의 중앙에 위치하지만 대부분의 나라들(러시아, 아제르바이잔, 벨라루스 등)이 소비에트 연방에서 분리되어 거의 유럽으로 분류된 터라, 같은 유럽국가인 경쟁국 폴란드(그단스크)를 지지하고 있던 상황이었다.

유라시아 대륙의 스카우트 활동은 독립 국가들에게 처음으로 스카우트 운동을 전파한 아르메니아가 중심이었고 그 한가운데는 스카우트 운동을 주도하며 유라시아 9개국에 막강한 영향력을 행사하고 있던 아르메니아 출신 '바그렛(전 세계 스카우트연맹 이사)'이 있었다.

유치 추진단은 출장 전부터 바그렛을 만나려고 여러 차례 시도를 하였지만 바그렛은 세계스카우트연맹 이사라는 직분과 공정성을 핑계로 전라북도와의 면담을 거절하였다. 수차례 정성어린 설득으로 바그렛을 만나게 되었고, 그에게 한국과 전라북도 그리고 새만금을 알리게 되었다. 이것이 아르메니아와 전라북도 만남의 첫 시작이었다고 한다.

스카우트(Scout)

우리에게는 보이스카우트, 걸스카우트로 더 잘알려진 스카우트는 1907년 영국의 베이든 포우엘 경이 브라운시 섬에서 20명의 청소년들과 시험 야영을 한 것이 시초이다. 인종, 종교, 성별에 관계없이 모든 사람들에게 개방된 청소년을 위한 자발적이고 비정치적이며 교육적인 운동이다.

잼버리(Jamboree)

잼버리는 북미 인디언의 '즐거운 놀이', '유쾌한 잔치'라는 뜻을 지닌 시바아리(SHIVAREE)란 말이 전음화된 것으로, 스카우트 창시자인 베이든 포우엘 경이 1920년 런던의 올림피아 스타디움에서 열린 제1회 세계잼버리를 개최하면서 직접 이 대회에 'Jamboree'라는 이름을 붙였다.

'Develop world peace'란 주제로 열린 제1회 세계잼버리는 34개국 8,000여 명이 참여하였으나, 가장 최근에 열린 2015년 제23회 일본 야마구치 세계잼버리는 전 세계 155개국 3만3천여 명의 청소년들이 참가하여 전 세계 청소년들의 축제로 자리매김하였다.

전라북도는 폴란드 그단스크와 치열한 경쟁 끝에 2023년 '제25회 세계스카우트 잼버리'를 전북 새만금 유치에 성공하였다.

새만금 세계스카우트 잼버리는 2023년 8월 전북 새만금에서 역대 최다인 168개국 50,000여 명의 청소년들이 참가할 예정으로 이들은 'Draw your Dream'이란 주제로 민족과 문화, 정치적인 이념을 초월해 국제 이해와 우애를 다지며 잼버리 활동을 경험하게 될 것이다.

아르메니아와 전라북도의 실제 교류

바그렛은 그해 한국을 찾았다. 전북에 도착한 그는 잼버리 개최 예정지를 방문하고, 농도 전북의 여러 농업 현장을 방문했다. 특히 로컬푸드와 학교급식센터 건립에 많은 관심을 보였다. 물론 전북의 멋과 맛을 한옥마을에서 충분히 느낀 뒤였다.

당시의 방문으로 바그렛은 완벽한 지한파 인사로 변했고 아르메니아로 귀국한 뒤에는 유라시아 9개국에 인적 네트워크를 통해 비공식적으로 한국에 대한 지지를 요청해놓기도 했다. 그리고 2017년 7월 아르메니아에서 열렸던 유라시아 9개국 스카우트 행사에 정부(국토개발부 장관) 공식 초청장을 전라북도로 보내왔다.

전라북도는 송하진 도지사를 단장으로, 잼버리 홍보활동을 주 일정으로 지방정부 간 우호교류 추진, 농업, IT, 관광 3가지 분야에서 교류 협력을 하기로 아르메니아 정부와 논의 후에 아르메니아로 향했다.

전라북도를 초청하는 아르메니아 정부 공식 초청장

아르메니아 카렌 카라페트얀 총리를 공식 예방하고 환영을 받은 전라북도 대표단은 농업 분야는 아르메니아 농림부에서 이그낫 아라켈얀(Ignat Araqelyan) 농업부 장관과 관계자들을 만났다. 공동연구개발, 농업 전문 인력양성(**인력 초청 교육훈련, 전문연구원제도**), 전북으로 이전한 농촌진흥청이 주축된 아시아농식품기술협력협의체(AFACI) 참여를 지원하고, 이를 통해 장기적으로 기후변화 대응과 농업관련 현안문제를 함께 해결해 나가기로 한 것이다.

IT 분야의 경우 아르메니아 교육분야와 과학분야를

총괄하고 있는 레본 미크렛차얀(Levon Mkrtchyan) 교육과학부 장관과 만남을 가졌다. 전라북도 문화콘텐츠진흥원과 TUMO센터 간 IT 콘텐츠(게임, 애니메이션, 디지털미디어, 웹) 분야의 기술협력교류와 인력양성, 그 밖에 모바일-온라인 분야 정책 교류를 통해 글로벌 마케팅 플랫폼을 구축하고, 아시아-유럽의 신시장을 개척해 나가는데 서로 도움을 주기로 합의하였다.

관광분야에서는 아르메니아와 전북의 주요 관광자원을

2017년 7월 20일, 전라북도 송하진 도지사는 카렌 카라페트얀 총리를 예방하고 양국과 지자체 간 교류를 확대해 나가기로 하였다.

소개하였고, 추후 상호 연계 관광상품 개발을 논의해 양국의 관광객 증진에 도움되는 방향으로 추진키로 했다. 하지만 양국 간의 물리적인 거리를 극복하기 위해 항공편 직항편이 먼저 선행되어야 한다는 점을 서로 인지하며, 서로의 국가에 아르메니아와 한국을 널리 알리는 데 먼저 중점을 두기로 하였다.

전라북도와 아르메니아 정부는 논의된 내용들이 실질적으로 추진되어 상호발전에 도움이 되도록, 당시 방문을 통해 협력관계를 더욱 견고히 구축하였다. 특히 양국 청소년들이 함께할 수 있는 프로그램들을 좀더 개발하기로 하였다. 총리, 장관들 모두 다음에는 한국에서 뵙기를 희망한다는 말도 덧붙이며 전라북도 대표단의 숨가쁜 아르메니아 일정이 끝났다.

또한 기념할 만한 일은 아르메니아의 아르마비르(Armavir) 주와 전라북도 간 우호교류를 추진한 것이다. 당초 아르메니아의 수도 행정, 경제의 중심지인 예레반 특별시와 우호교류를 추진하려고 했으나, 바그렛이 "대한민국 대표 농도인 전북으로서는 농업과 관련된 깊은 관계의 협력을 하기에는 아르메니아 제1의 농도 주인 아르마비르 주와 하는 것이 더 낫다."고 의견을 제시해 이뤄진 것이다.

아르마비르 주는 아르메니아 서부 터키와의 국경지대에 위치해 있으며 면적 1,242㎢, 인구 26만 명 정도(아르메니아 인구 8.8%)의 작은 도시다. 종교 중심지로 에치미아진 성지와 아르메니아 정교 본부가 위치하고 있고 아르메니아 전체 농업 생산량의 약 20%를 차지한다. 아라라트 평야(Ararat plain)에서 생산되는 농축산물(포도, 살구, 복숭아, 자두, 채소 등)이 주요 상품이며, 식품 가공업, 양조업이 발달했다.

아르메니아 최대 규모의 메사모 핵발전소가 위치하며 이 발전소는 아르메니아 전기 생산량의 40%를 담당하고 있다. 예레반에서 아르마비르로 향하는 길목에는 노점상들이 즐비하게 늘어서 과일 등을 파는 상인들로 북적였다. 또 예레반에서는 볼 수 없었던 시골 풍경이 한 눈에 들어오면서 중앙과 지방의 발전 격차를 느낄 수 있었다.

아르마비르 주 청사에 들어섰을 때의 느낌은 아담함과

따뜻함 그 자체였다. 그리고 건물의 느낌 만큼이나 사람들도 온정 있고 분위기도 아주 좋았다.

아르마비르 주의 신선한 농산물과 아르메니아 브랜디 '아라라트'의 따뜻한 환대를 받으며 방문을 마무리하였다. 현재는 아르마비르 주, 예레반 특별시 모두 가능성을 열어두고 우호교류를 추진하고 있다.

우호교류 중인 전라북도와 아르마비르 주

chapter 3

자연, 인간, 신이 함께 하는 아르메니아

화산이 만든 걸작,

세반 호수

국가의 가장 큰 식수원 중 하나인 세반 호수

내륙국가 아르메니아는 바다가 없다. 아르메니아의 오아시스로 불리며 아르메니아인들에게는 바다로 여겨지는 호수가 바로 세반 호수(Lake Sevan)이다. 세반 호수는 서울시 전체 면적의 약 2배에 달할 정도로 넓으며 아르메니아 전 국토의 5%(1,416km^2)를 차지한다.

세반 호수는 해발 1,916m에 위치하고 있어 세계에서 가장 높은 지대에 위치한 호수 중 하나이다. 현재도 60㎞ 길이에 달하는 광대한 호수의 아름다움을 간직하고 있다.

세반 호수는 과거에 세반 바다(Sevan Sea), 게하마 바다(Gegha-ma Sea), 게하쿠나츠(Gegharkunats Sea)라고도 불리워 바다에 대한 아르메니아인들의 욕망이 녹아있는 듯도 하다.

세반 호수는 인근 아라라트 산의 화산 폭발로 생겨났다고 한다. 세반이란 '검은 반'이라는 뜻으로 지금은 터키 지역에 있는 반 호수(Lake Van)에서 이름이 유래되었다. 아르메니아인들은 반 호수 역시 터키인들이 자신들로부터 빼앗아 갔다고 생각하고 있는데, 아라라트 산과 함께 아르메니아인들의 향수를 자극하는 곳임은 틀림없다.

세반 호수는 과거 전쟁시에 왕이나 귀족들의 피난처로도 사용되었다. 현재는 여름철 휴양지로 가장 인기를 받고 있는 곳이기도 하다. 더위를 피해 사람들이 해수욕과 수상레포츠를 즐긴다. 호숫가에는 야영지, 리조트, 게스트 하우스 등이 많이 지어져 있고, 역사적 기념물들이 있기도 하다.

세반 호수를 찾는 관광객들이 제일 먼저 들르는 곳이 세바느반크 수도원(Sevanavank Monastery)이다. 305년에 이 지역에 처음 지어진 수도원은 995년 지진에 의해서 파괴되었다 재건되었다고 한다. 역사서에는 874년 마리암 공주에 의해서 만들어졌다고도 기록된다. 수도원은 두 개의 건물(St.Arakelos와 St. Astvatsatsin)로 이루어져 있다.

수도원은 원래 세반 호수 안의 섬 위에 존재하였지만, 1950년대 스탈린의 인공배수 정책으로 호수와 연결되는 흐라즈단 강 사이에 발전소가 생기면서 세반호의 수위가 20m 낮아져 지금은 반도가 되어 있다. 육지와 연결된 이곳은 지금은 자연공원으로 조성되어 있다. 현재 아르메니아에 존재하는 많은 수도원 중 호수 위의 수도원은 세바나반크가 유일하다.

바다가 없고 강수량이 적은 아르메니아는 물이 부족한 국가이기에 세반 호수는 국가의 식수원으로 아주 중요하게 이용되고 있다.

세반 호수로는 20개가 넘는 아르메니아의 크고 작은 강이 유입되거나 흘러가는데 1930년대부터 물 개발이 본격화되었다고 한다. 물을 활용하기 위해 수력발전소와 물 터널을 건설하기도 하였다. 세반의 가장 큰 특징들 중 하나는 감로수(Sweet water)다. 보통 1리터의 물이 증발하면 0.5g의 소금밖에 남지 않는데(인근 Van 호수는 22g, Urmia 호수 150~300g), 이 수치는 세계적으로 감로수로 유명한 호수들 중에서도 으뜸이다.

최근 아르메니아인들에게 세반호의 물을 사용하는 데 있어 가장 중요한 방법은 세반의 물을 무분별하게 사용하여 일방적으로 빼내는 것이 아니라, 물 높이를 일정하게 유지하고 점진적으로 높여나가는 것이라고 한다.

왜냐하면 세반 호수가 아르메니아인들의 식수이자 물의 근원으로, 미래의 생존을 보증해야 하는 호수라는 점을 아르메니아인이라면 누구든지 깨닫고 있기 때문이다.

세반 호수

세반 호수의 맛, 송어

세반 호수의 또 하나의 특징은 바로 송어(Trout)이다. 세반 호수에서 잡히는 송어는 순하고 향긋한 풍미가 있어 석쇠에 구운 후 아르메니아 고유의 빵 라바쉬에 싸 먹으면 그 맛이 일품이라고 한다.

세반 호수에서 송어가 살게 된 것은 오래된 전설에 의해 전해진다. 한 추한 검은 물고기가 세반 호수로 헤엄쳐 들어갔는데, 그 지역에 살던 '이쉬칸(Ishkhan)'이라고 불리는 사람이 그 검은 물고기를 없애기 위해 나무로 만든 물고기를 만들어 세반 호수로 던졌다고 한다. 얼마 후 검은 물고기는 모두 사라지고 세반 호수에 아름다운 물고기가 나타났으며 '이쉬칸'이 죽은 후에 '이쉬칸 송어'라고 명명되었다고 한다.

하지만 현재의 많은 과학자들은 세반 호수에 서식하는 여러 종의 송어는 연어과에 속하는 물고기로 오직 세반 호수에서만 살고 있는 송어 'karmrakhayt'에서 기원되었다고 보고 있다. 세반 호수에 서식하는 송어는 길이 약

75~90㎝ 정도로, 몸은 통통하고 검은색을 띠고, 때로는 장밋빛 점을 가지고 있으며 비늘은 은색 빛을 띤다.

송어의 살빛은 장밋빛인데, 맛이 좋고, 영양분이 많기로 유명하며 성숙기는 2~5세다. 수중생물들과 곤충들, 거머리들, 유충, 연체동물 등을 먹고 살며, 호수 안으로 알들을 낳아 번식한다. 알을 낳는 기간과 외관, 머리와 몸의 형태, 비늘의 색깔에 따라 크게 네 가지 종의 송어로 구별된다 (winter bakhtag, gegharkuni, summer bakhtag, bojak the dwarf type).

아르메니아인들에게 있어 송어는 식탁에서 높은 영양 가치를 지니지만 불행하게도 2개 종의 송어는 세반 호수 물 높이 하락, 호수의 지속적인 오염 때문에 멸종 직전 위기에 놓여 있다. 이에 따라 정부에서 종의 다양성을 위한 정책을 펼치고 있다.

아르메니아인들의 어머니 '아라라트 산'

아라라트 산, 아르메니아의 유일무이한 상징

노아가 큰 홍수가 날 것이라는 하느님의 계시를 듣고 만든 배인 노아의 방주(Noah's Ark)가 40일간 대홍수 속에서 표류한 끝에 도착한 곳이라는 성서 속 이야기가 담긴, 아라라트 산. 아라라트 산(Mt. Ararat)은 터키와 이란, 아르메니아와 경계에 위치해 있다. 한때 마시스(Masis)라고도 불렸던 아라라트 산은 두 개의 봉우리 대아라라트(5,165m)와 소아라라트(3,896m)로 나뉜다. 산 정상의 30% 정도가 만년설(萬年雪)로 덮여 있어 그 신비로움을 더해준다.

아라라트 산은 오랜 세월에 걸쳐 아르메니아인들의 상징이며 자부심으로 여겨져 왔고, 또한 어머니와 같은 산으로도 신성시되어 왔다. 이 신성한 산은 아르메니아 땅의 구조를 상징적으로 반영한다. 봉우리는 천체와 신의 영역을, 산비탈은 어둠과 검은 용의 세계를, 중간 지대는 아르메니아인들이 꿈꾸는 이상적인 세계를 의미한다.

아르메니아인들에게 이토록 가슴 깊이 각인되어 있는 아라라트 산은 아이러니하게 현재는 아르메니아에 있지 않다. 숱한 영토 분쟁의 결과 지금은 터키령이 되어 있다. 가깝지만 갈 수 없는 곳이다. 그래서 더 애절한 곳, 슬픈 역사의 산물이 되어버려, 고국을 떠난 아르메니아인들은 아라라트 산을 그리며 고국에 대한 향수를 달랜다고 한다. 그래서 아르메니아인들의 어머니라고도 불린다.

가장 어머니 같은 산이 자기나라 땅에 있지 않은 아르메니아인들. 그들의 기구한 운명이 다시 한 번 코 끝을 찡하게 만든다. 아직도 아르메니아와 터키의 경계는 모호하여 푸른 망루만이 일정한 간격으로 서 있을 뿐이다.

사실 성서 속 노아의 방주가 도착했다는 산에 대한 해석은 성서의 첫 번째 번역가의 기술에 의존한다. 그는 이 산을 북쪽 메소포타미아의 이웃에 있는 남쪽 산으로 기술했다. 또 이 산을 아라라트 산이라고 기록했는데, 후대에 이것은 당연히 아르메니아라고 인식되어 왔다.

이것은 아르메니아 중앙 지역이 예로부터 'Ayrarat'로 불렸고, 아라라트 산과 비슷한 발음이었기에 붙이지 않았을까 하는 의문이 지금까지 남아 있다. 그것들의 의미는 논쟁들과 다르게 산은 앞에서 언급한 대로 마시스(Masis) 혹은 자유의 마시스(Free Masis)라고 불렸다.

노아의 방주가 실존하였는지 아닌지, 노아의 방주가 도착한 산이 아라라트 산인지 아닌지에 대해서는 논의가 분분하다. 하지만 후에 러시아령일 때 노아의 방주에 관한 러시아의 정책이 시행되었고 지역적인 디테일이 많이 더해졌으며, 범 아르메니안 전설이 창조되었다.

그 후 아라라트 산은 아르메니아의 유일무이한 상징이 되었고, 깃발, 수공예품, 책, 각종 휘장 등 아르메니아를 대표하는 많은 제품에도 늘 새겨져 왔다. 그 전통은 요즘에도 계승되어 오고 있으며, 아르메니아 가장 유명한 브랜디 이름, 담배 이름 등 대표 브랜드에는 아라라트 산의 이름이 빠지지 않고 들어가 있다.

아르메니아인들의 일상 속에서 여전히 살아 숨 쉬고 있는 아라라트는 수천 년의 세월을 거쳐 지금도 우뚝 서서 아르메니아인들의 삶을 내려다보며 함께하고 있다.

아라라트 산

BANK

인기 있는 공간인 코르비랍

아라라트 산 자락에 덩그러니 홀로 놓인 코르비랍(Khor Virap)은 현재 터키령인 아라라트 산을 가장 가까이에서 볼 수 있어 아르메니아인들에게 가장 인기 있는 공간이다. 코르비랍에는 서기 301년 아르메니아가 로마보다 앞서 세계 최초로 기독교를 국교로 승인한 이야기가 전해져 오고 있어, 그로 인해 전 세계에서 많은 기독교 성지 순례자가 찾아오고 있다.

서기 287년 아르메니아에 기독교를 전파한 신부인 그레고리 루사보리치(St. Gregory Lusavorich)는 이곳을 방문한 아르메니아 트루다트 왕의 '여러 신에게 제물을 바치라.'는 명령을 거역한다. 그는 독사와 전갈 등과 함께 지하 20m 깊이의 땅굴 속에 갇혀 무려 14년 동안 이곳에서 생활하게 된다. 땅굴에 갇힌지 14년이 지났는데도 그가 살아 있자 왕이 크게 놀라 301년 세계 최초로 기독교를 승인하게 된다.

사실은 신부님을 따르는 신자들이 왕 몰래 먹을 것과 옷가지 등을 넣어주고 보살펴줘 14년 동안 버틸 수 있었다고 한다. 트루타트 왕은 후에 이름 모를 병을 얻게 되자 회개하여 그레고리 신부로부터 세례를 받는다. 이는 기독교 교리 전파에 있어 가장 중요한 역할을 한 것으로 평가받고 있다.

아직도 주 성전 옆 건물 지하에는 20m 깊이의 동굴이 있는데 코르비랍을 방문한 관광객들은 누구나 동굴을 내려가 보려고 한다. 현재도 이곳은 기독교 신자들에게 가장 인기 있는 관광지가 되고 있다.

코르비랍과 만년설의 아라라트

태양의 신전,
가르니

관광지까지 가는 길이 아름다우면 사람들의 마음 속에 이미지가 담기고 그 관광지가 더 돋보이게 된다. 이국적인 모습의 구릉지, 나무가 많지 않지만 숲이 있는 곳곳에는 마을이 형성되어 있다. 예레반에서 가르니 신전으로 가는 길목의 풍경이다.

예레반 남동쪽 30㎞ 지점에 위치한 가르니 신전(Garni Temple). 가르니 신전은 아르메니아 신화에 나오는 태양신을 기리기 위해 지어져 태양의 신전으로도 불린다. 겉모습은 마치 그리스 아테네의 파르테논 신전을 연상하게 만든다.

역사에 따르면 BC 3세기경부터 가르니와 거주자들에 대한 기록이 남겨져 있다. BC 1세기경 신전을 둘러싼 벽에 성벽에 대한 기록이 있는데 총 길이가 300미터에 이르렀다고 한다. 성은 한 개의 입구와 14개 직사각형의 탑으로 이루어져 있었다.

로마시대에 네로 황제의 후원금을 받아 지어졌다고도 전해지며 황제가 자치권을 인정한 아르메니아 왕에게 가르니 신전을 주었다고도 한다. 여러 시대에 걸쳐 가르니는 침략을 받고 또 파괴되기를 반복했는데, 토테미즘을 뜻하는 파간 신전(Pagan Temple), 국왕의 건물, 국왕의 목욕탕, 군대 초소와 거주지 등은 원형 그대로 보존되어 있다.

역시 가르니에서 가장 눈에 띄는 건물은 기독교 공인 이전 아르메니아 민간 신앙을 숭배하던 파간 신전이다. 로마시대에 지어진 건물이긴 하지만 그리스의 영향을 받은 그레코 로만(Greco-Roman)스타일로 지어졌다. 24개의 둥근 기둥이 삼각형의 지붕을 떠받들고 있으며, 입구는 굉장히 넓다(2.29m X 4.68m). 당시 숭배하던 신의 조각상 그림은 입구 맞은

편에 위치해 있으며 물고기가 함께 그려져 있다. 가르니의 또 하나의 재미있는 건물은 국왕의 목욕탕이다. 7개의 인접한 방으로 구성되어 있고 15개의 다른 색깔의 모자이크가 바닥에 그려져 있는 것이 특징이다.

가르니는 1679년 4월 지진으로 파괴되었지만 소비에트 공화국 시절인 1976년 다시 재건되었다. 아르메니아 뿐만 아니라 소비에트 이전의 양식을 볼 수 있는 건물이기도 하다. 가르니의 넓은 마당에서는 한여름 밤 무더위를 식히는 문화 공연 등이 열린다.

파괴된 흔적이 여전히 남아 있는 가르니 신전

가르니 신전

UNESCO 세계문화유산,
게하르트 수도원

2000년 UNESCO 세계문화유산으로 등재된 게하르트 수도원(Geghard Monastery)은 유명한 중세 아르메니아 수도원들 중에서도 단연 돋보인다. 수도원의 정확한 설립 연도에 대한 역사적인 기록은 존재하지 않지만 4세기경 그레고리(Gregory)란 인물이 현재의 위치인 아자트 협곡(Azat Vally) 위쪽 절벽 산허리에 동굴을 파서 건축하였다고 전해진다. 그런 연유로 게하르트 수도원은 동굴 수도원을 뜻하는 아이리방크(Ayrivank)라고 불리기도 한다.

후에 교회 기록에 따르면 '아이리방크'라고 불리던 수도원은 로마 병사가 십자가에 매달린 예수의 죽음을 확인하기 위해 찌른 창이 1159년 아르메니아로 옮겨진 이후에 1,250년 아랍의 침공을 피해 'Avrivank(a forgotten refuge in the mountains, 산 속의 잊힌 피난처)'에 안전을 위해 보관되어 있어서 아르메니아어로 '창'이라는 뜻인 'Geghard'로 불리기 시작했다. 오늘날에는 게하르트 혹은 게하르트와 아이리방크의 합성어인 게하르드다방크(Geghardavank)로 불리기도 한다. 그 역사적인 창은 1419년까지 수도원에 보관되어 있다가 지금의 장소인 아르메니아 '에치미아진 대성당(St. Echmiadzin)'으로 옮겨져 현재도 그곳에 보관되어 있다.

게하르트 수도원에 가면 아르메니아가 '돌의 나라'라는 것을 피부로 느낄 수 있다. 서기 923년 아랍의 침략으로 수도원이 전부 파괴되었지만 13세기(1215)에 석공들에 의해 재건되었다. 그 후 자연적으로 높이 쌓인 돌들과 아르메니아 석공들이 만들어낸 돌조각 울타리들이 수많은 침략과 전쟁을 이겨내 왔다. 현재 촘촘하게 쌓인 돌조각들은 영적 쉼터의 역할도 하고 있으며, 외벽에는 아르메니아 전통 카츠카르 십자가들이 세워져 있다.

메인 건물로 예배당의 역할을 하는 '카소그하이크(Kathoghike)'는 1215년 십자가 반구형의 교회로 지어졌고, 1225년에는 4개의 기둥으로 구성된 나르텍스(고대 기독교 본당 앞의 홀)라고 불리는 또 하나의 서쪽 교회가 지어졌다. 게하르트 건축 중 가장 멋진 예이며 가운데 있는 구멍과 함께 있는 공간의 종유석으로 만들어진 나르텍스는 특별한 흥미를 제공한다.

게하르트의 북쪽 벽은 절벽으로 두 동굴 교회들의 입구로도 사용되었다. 1283년 건축가 갈드작(Galdzak)이 프로샨(Proshian) 왕자들의 지원으로 바위 건물들을 지었다. 이중 세 번째 동굴 건물이 가장 큰데 두 교회들 사이의 아주 높은 곳에 자리 잡고 있으며 게하르트에서 가장 크다. 프로샨 왕조를 위한 무덤의 역할도 하였고, 수도승들을 위한 수련의 공간으로 사용되기도 한다.

이곳에 거주하는 수도승들은 수련을 위해 각각의 조그마한 동굴에서 1년 정도씩 살기도 한다. 동굴들은 자연적이기도 하지만 몇몇 부분은 석공들에 의해 인공적으로 가미

되고 만들어진 흔적도 보인다. 각 동굴들의 입구에는 게하르트에서 살아가면서 이곳을 방어하며 지킨 영웅들의 이름들이 사후에 붙여져 있다고도 한다. 또 수도승들은 생계유지를 위하여 산 기슭에 양봉을 하여 꿀을 생산한다는 점도 다소 놀라운 일이었다.

게하르트 수도원

수도 예레반의 상징, 공화국 광장

프랑스 파리를 생각하는 사람에게는 자동적으로 에펠탑이 떠오르고, 모스크바를 생각하는 사람들에게는 곧바로 크렘린궁이 떠오르게 된다. 아마 아르메니아의 수도 예레반을 떠올리게 된다면 가장 먼저 연상되는 곳이 예레반의 상징 '공화국 광장(Republic Square of Yerevan)'이다.

아르메니아의 유명 건축가인 알렉산더 타마니안(Alexander Tamanian, 1878~1936)은 1924년 예레반 도시의 주요 광장과 행정 구역을 설계했다. 건물 건축은 1926년에 시작해서 30년 이상 지속되었다. 아르메니아 역사에 대한 타마니안의 아이디어, 건축에서의 그의 재능과 뛰어난 지각 능력이 앙상블을 이루어 창조적인 광장 계획을 만들어냈다고 평가받는다. 타마니안은 도시 계획의 핵심인 광장뿐만 아니라 수도인 예레반에 두 개의 주요 건물을 설계했는데 정부 중앙 청사와 오페라극장이 바로 그것이다.

타마니안의 아이디어와 미적 원리는 후대 건축가들에게 영향을 끼쳤고 이들은 광장을 정부 청사, 중앙 우체국, 호텔들과 국립 박물관 등으로 둘러싸인 지금의 타원형 홀로 바꾸었다. 소비에트 연방 시절이던 1924년부터 1990년까지 이 광장은 '레닌광장(Lenin Square)'이라 불렸으나 1990년에 공화국 수립을 기념해 현재의 이름이 붙여졌다.

분홍색과 흰색, 가볍지만 장엄한 전통과 현재가 함께 어우러진 광장은 마음과 영혼의 창조적 결합으로 평가받고 있다. 또 광장 주변 건물들이 장밋빛 응회암으로 건축되어 옛 소련인들은 예레반을 '장미의 도시'라고도 불렀다.

4년마다 개최되는 아르메니아 재외동포 올림픽이 열리기도 하며, 최근 부패한 정부를 타도하며 4만 명의 국민들이 촛불을 들고 시위하던 곳도 바로 공화국 광장이다. 우리의 광화문 광장에서의 촛불혁명처럼, 이들도 공화국 광장의 벨벳혁명을 이끌어냈다.

저녁이 되면 공화국 광장에는 많은 예레반 시민들과 해외 관광객들이 모인다. 음악에 맞춰 춤을 추는 분수, 공화국 광장의 화려한 분수쇼는 아르메니아 수도인 예레반의 부를 상징하는 산물이기도 하다. 주말이 되면 광장 곳곳에

공화국 광장

서 다채로운 공연과 화려한 불꽃놀이도 진행된다.

아르메니아 밤은 아르메니아의 젊음과 닮아있다. 공화국 광장 주변 예레반의 명동거리에는 많은 젊은이가 청춘을 함께하고 아르메니아 밤을 즐긴다. 수도 예레반은 한국만큼이나 치안이 좋은 곳이라고 한다. 이 때문에 밤에 일정 시간이 되면 술을 팔지 않는 유럽의 나라들과는 달리 밤새 진행되는 밤의 문화가 존재하고 있다.

예술의 시장,

베르니사즈 벼룩시장

공화국 광장에서 한 블록 정도 지나 총리 공관 뒤편으로 가다보면 예레반에서 유명한 베르니사즈(Vernisagge) 벼룩시장이 나온다. 방문객들을 처음 맞는 건 아르메니아 독립운동을 이끌었던 '가레긴 느즈데(Garegin Nzhdeh, 1886~1955)'의 동상이다. 가레긴은 제2차 세계대전의 영웅으로 아르메니아인들은 그를 정치가이자 훌륭한 전략가, 국가의 이상가로 표현한다.

토요일과 일요일 이틀 주말에만 여는 베르니사즈 벼룩시장에서는 아르메니아의 어제와 오늘을 함께 만날 수가 있다. 벼룩시장은 아르메니아의 각종 기념품과 장식품, 고서적, 골동품들로 가득 차 있다. 또한 돌의 나라다운 모습을 보여주는 아르메니아산 수석 조각, 원석을 잘라 만든 돌시계들, 아르메니아를 대표하는 유명 문화 유적의 미니어처 모형, 마그넷 기념품 등도 진열되어 있다. 전통 악기 두둑, 흙돌로 만든 카츠카르 모형, 소비에트 시절 산업화가 진행되기 전에 쓰이던 오래된 농기구들도 벼룩시장의 대표 아이템이다. 전통 의상을 입은 모습의 인형들도 파는데 남자 인형 이름은 아르딱, 여자 인형 이름은 가유식이라고 한다.

아르메니아 전통 의상을 입은 인형, '아르딱'과 '가유식'

여러가지 아기자기한 물품 사이로 단연 눈에 띄는 것은 거리의 화랑이다. 보통의 물감으로 그린 그림들 뿐만 아니라 돌가루로 그린 그림, 꽃잎으로 만든 그림들도 있는데 상당히 정교하게 표현되어 있다. 그림 주제들의 약 70% 이상이 아라라트 산과 상상 속에 존재하는 노아의 방주라고 한다.

물가가 한국보다 상대적으로 저렴하기에 싼 값으로 살 수 있고 우리의 전통시장과 마찬가지로 가격 흥정이 가능하다.

캐스케이드,
랜드마크가 되다

공화국 광장과 더불어 또 하나 예레반의 랜드마크 역할을 하는 것이 캐스케이드(Cascade)다. 캐스케이드는 아르메니아어로 작은 폭포란 뜻으로 높이가 450m에 이른다. 정상에 올라가려면 572계단으로 된 야외 조각공원과 실내로 꾸며진 미술품 전시장으로 이루어져 있으며 아르메니아의 새로운 멋진 장소로 여겨지고 있다.

캐스케이드의 정상까지는 외부 계단으로도 오를 수 있고 내부로 통하는 에스컬레이터를 통해서 올라갈 수도 있다. 내부에는 층층마다 세계적인 조각품과 미술품 등으로 가득 차 있다. 아르메니아 카페시안 회사가 처음 기획해서 만들었고, 대부분의 조각품은 아르메니아 국민 샹송 가수인 샤를 아즈나부르(Charles Aznavour, 1924~)가 기증했다고 한다.

프랑스, 아르메니아 이중 국적인 샤를 아즈나부르는 프랑스 파리의 아르메니아 이민 가정에서 태어나 세계의 샹송 발전에 크게 기여하였다. 프랑스 정부로부터 레지옹 도뇌르 훈장(Legion d'Honneur)을, 아르메니아 정부로부터 '아르메니아 국가 영웅(National Hero Of Armenia)' 칭호를 받기도 하였다.

1980년 착공한 캐스케이드는 아직도 완공되지 못하고 공사가 진행되고 있다. 워낙 큰 규모와 아르메니아산 순수한 돌을 사용해서 계단을 짓는 것 때문에 자금난으로 두세 번 공사가 멈췄다가 재개되었다고 한다. 지금은 국민들의 성금을 모아서 짓고 있다.

흔히 캐스케이드는 아르메니아 사람들의 정신과 혼이 깃든 곳이라고 한다. 수도 예레반을 설계했던 알렉산더 타마니안을 기리는 동상이 캐스케이드 앞 마당에 놓여져 있다. 캐스케이드 정상에는 커다란 기념탑이 우뚝 서 있다. 아르메니아의 소비에트 점령 50주년을 기념하는 기념탑으로 스탈린 정권의 억압에 대한 저항심을 기르고 잊지 않기 위해 만들었다고 한다. 현재도 철거되지 않고 그대로 있다.

세계적인 조각가들의 작품이 많은 곳으로 유명한 캐스케이드이지만 그중 가장 유명한 것들은 콜롬비아 출신의 세계적인 유명 작가인 페르난도 보테로(Fernando Botero Angulo, 1932~)의 작품들이다. 보테로는 부풀려진 인체와 동물 등을 주로 조각했다. 평론가들은 이 바탕에는 사회에 대한 비판, 제도권, 정치적 억압, 폭력 등에 대한 저항 정신이 깔려 있다고 해석하기도 하며 때로는 살찌운 자본주의를 비웃는 동상들이라고 이해하기도 하지만 어쨌든 캐스케이드의 분위기를 코믹하고 즐겁게 만들고 있다.

캐스케이드에는 또 반가운 한국 작품이 있다. 세계적인 조각가로 성장한 한국의 지용호 작가(1978~)가 만든 '폐타이어 사자상'이다. 홍익대 조소과와 뉴욕대학교 대학원 미술과에서 수학한 '지용호 작가'는 40대 초반의 젊은 작가이지만 폐타이어에 생명을 담아내는 역동적인 호흡으로 세계적으로 아주 촉망받는 작가로 알려져 있다. 뜻하지 않게 만날 수 있는 한국인의 솜씨 덕분인지 캐스케이드는 아주 우리에게 친근하고 포근한 느낌이 든다.

한국작가 지용호의 '폐타이어 사자상'

캐스케이드

역사를 잊지 않는 관광지, 학살기념관

과거로부터 교훈을 얻기 위한 여행

최근 관광의 트렌드에 '다크 투어리즘(Dark Toursim)'이 각광 받고 있다. 역사적으로 융성했고 화려했던 과거를 강조하는 것이 아니라 희생과 핍박을 받아온 곳이나 순교지, 재난 재해로 자국민의 희생이 컸던 지역과 사건을 교훈으로 삼고 희생자들을 추모하기 위해 건립된 기념관 등을 방문하는 프로그램도 생기고 있다. 이를 '다크 투어리즘'이라고 한다. 우리나라의 국립국어원은 과거로부터 교훈을 얻기 위한 여행이라는 의미로 '역사교훈여행'이라고도 한다.

세계적으로는 유명한 '다크 투어리즘' 관광지는 제2차

세계대전 당시 독일군에 의해 유대인 400여만 명이 학살 당한 폴란드 아우슈비츠 수용소와 미국 9·11테러의 '그라운드 제로'이다. 폴란드 아우슈비츠수용소는 현재는 박물관으로 만들어져 연간 수백만 명의 관광객이 방문하고 있다. 그라운드 제로는 원래 핵무기 피폭이 있었던 지점의 지표를 뜻하는 용어였지만 미국 9·11테러 이후 세계무역센터 테러 건물의 좌표 지점을 뜻하는 고유명사로 바뀌었다. 9.11테러의 현장에는 현재 기념비와 박물관이 세워져 있고 3,000여 명에 달하는 테러 희생자들의 넋을 조금이라도 위로하기 위해 그들 모두의 이름이 동판에 새겨져 있다.

상처를 추모하다, 학살기념관

아르메니아에도 다크 투어리즘의 장소가 있는데 바로 '학살기념관(Genocide Monument and Museum)'이다. 학살을 기억하는 기념관이라니 왠지 슬프다. 학살추모관이라고 해야 적당할 듯싶다. 학살기념관은 제1차 세계대전 당시 터키에 의해 자행된 대학살 사건 때 희생된 아르메니아인들을 추모하기 위해 1967년에 건립되었다. 과거의 슬픈 역사이지만 이를 잊지 말자는 교훈을 남기기 위해 건립되었다고 한다.

기념관은 일본군에 의한 자국민 학살을 추모하는 중국의 난징대학살기념관, 나치정권에 의해 핍박받고 목숨을 잃은 유대인의 역사를 추모하는 미국, 프랑스, 독일 등지에 건립된 유대인학살기념관처럼 대규모의 기념관은 아니지만 아담한 규모로 잘 정제된 느낌을 주며 도시 한복판에 자리 잡고 있다. 기념관은 크게 박물관과 광장으로 나뉘어져 있는데 박물관에는 그 당시의 처참한 역사에 대한 기록들이 전시되어 있다. 광장에는 그들을 추모하는 그리고 아르메니아의 정신을 하나로 모으는 추모탑이 높게 서 있다.

추모탑 앞의 불꽃은 150만 명의 국민이 대학살을 당한 아픈 과거를 잊지 않기 위해 365일 꺼지지 않는다고 하였다. 추모탑까지 가는 길에는 아르메니아를 방문한 외국 정상들과 국민들이 심어놓은 기념식수들을 볼 수 있다. 이곳은 아르메니아의 우방 정상들이 아르메니아를 방문하게 되면 꼭 들르는 곳들 중에 한 곳이라고 한다.

이곳에서는 매년 추모행사가 열리는데 지난 2015년에는 대학살 100주년을 맞아 블라디미르 푸틴 러시아 대통령과 프랑수와 올랑드 프랑스 대통령이 참석하기도 하였다. 지난 2016년에는 아르메니아를 방문한 프란치스코 교황이 학살기념관을 찾아 인종학살(Genocide)을 언급하여 터키로부터 공식 항의를 받았다고도 한다.

높은 언덕에 위치해 있어 예레반 시내를 가장 잘 내려다볼 수 있는 곳이기도 하다. 처절한 아픔을 늘 마음속에 담고 현재를 살아가면서 미래를 준비하는 아르메니아인들의 마음이 느껴지는 곳이다.

학살기념관

2016년 아르메니아 학살기념관을 방문한 체코 밀로스 제만 대통령의 기념 식수

세 가지 성물을 가진 에치미아진 대성당

아르메니아인들에게 가장 신성시되는 지역 에치미아진(Echmiadzin)은 과거에 바그사나(Vargesavna), 바가르샤파트(Vagharshapat)로 불렸다. 301년 기독교가 국교로 공인이 되고 기독교 본부(지금으로 치면 교황청의 역할)가 바가르샤파트에 세워졌다. 기독교를 전파한 그레고리 신부에 의해 본부는 에치미아진이라고 명명되었다. 이는 '신의 유일한 자손이 있는 지역'이라는 뜻의 의미를 가진다. 후에 이 지역은 에치미아진 대성당(Echmiadzin Cathedral)이 존재하고 있어 에치미아진 지역으로 명명되었다.

1,500여 년에 걸쳐 대성당은 만들어지고 파괴되고 복원 과정을 거쳐 현재의 형태를 이뤄왔다. 중앙의 돔을 네 개의 작은 돔이 사각을 이루며 둘러싸고 있으며 이것은 마치 새의 날개처럼 보이기도 한다. 대성당의 내부 프레스코화들은 아르메니아 미술의 뛰어남을 나타내기도 한다. 아르메니안 화가 '나그하시 호브나타니언(Naghash Hovnatanian)' 그리고 그의 손자 '호브나탄(Hovnatan)'에 의해 3대에 걸쳐 더해져서 지금에 이르렀다고 한다.

대성당 안에는 현재 아르메니아 정교 본부가 위치해 있다. 대성당 미사는 오전 11시부터 오후 1시까지 두 시간 동안 진행되며 건물은 현재도 수리가 한창이다. 에치미아진 대성당 내의 박물관에는 세 가지 성물[1]이 보관되어 있다. 이것 때문에 많은 사람들이 찾아온다.

1) 아라라트 산에 도착한 노아의 방주 파편, 예수님이 못 박힌 십자가의 파편, 예수님의 죽음을 확인하기 위해 옆구리를 찌른 로마 병사의 창

수백 년에 걸쳐 파괴와 복원을 반복해온
에치미아진 대성당, 지금도 수리 중에 있다.

에치미아진 대성당의 개선문

산골의 또 다른 마을,

타테브 수도원

산골 마을 타테브에는 타테브 수도원(Tatev monastery)이 있어 많은 사람으로 붐빈다. 타테브는 3면이 협곡으로 이루어져 오직 남쪽 면으로만 접근할 수 있으며 산악지대에 둘러싸여 아름다운 전경을 보여준다.

839년 비숍이란 사람이 필립왕자로부터 타테브 마을 전체를 샀고, 지역의 중심지를 옮기고 가꾸기 시작하였다. 10세기 이래로 타테브는 수도원으로 꾸며지고 속세를 떠난 수도원으로서 큰 발전을 하였다. 14세기 말 가장 큰 교육기관인 타테브 대학이 이곳에 설립되었는데 신학, 철학, 수학, 문법, 과학, 문학, 음악 등을 가르쳤다.

다테브 수도원 역시 다른 유적들처럼 수차례 파괴되었고, 가장 최근에는 1931년 큰 지진으로 손상된 것을 20세기에 복구하여 지금까지 보존해 오고 있다. 현재의 다테브 수도원은 3개의 교회로 이루어졌으며 응접실, 도서관, 창고, 사무실, 방호시설, 무덤 등으로 구성되어 있다. 이외에도 10세기에 세워진 오벨리스크 양식의 8m 둥근 기둥, 동으로 만들어진 많은 종들이 있다.

타테브를 유명하게 만든 또 하나의 이유는 케이블카이다. 수도원이 협곡에 위치해 아르메니아 정부(국토개발부)에서는 이곳에 케이블카를 만들었다. 길이가 무려 5.7㎞인 타테브 케이블카는 2010년 세계에서 가장 긴 양방향 케이블카로 기네스북에 등재되었다(Wings of Tatev).

케이블카는 편도 기준 약 10분 정도가 걸리며 관광용으로도 쓰이지만 마을과 마을을 연결하는 주민들의 중요한 교통수단으로 쓰인다.

타테브 수도원

chapter 4

꼭 알아야 하는 아르메니아

아르메니아어의 알파벳

아르메니아 문자는 훈민정음(1443년)보다 1,000년 이상 앞선 405년 창제되었다. 문자가 창제되기 이전의 아르메니아인들은 지역에 전래되는 상형 문자와 7개국의 작문법을 가져와 사용했다. 기독교가 국가 종교로 선포된 301년부터는 기독교 전래 이전의 상형 문자는 금지되었고, 기독교의 예배는 그리스어와 아시리아어로 진행되었다.

그러나 영적·문화적 영역에서 그리스와 아시리아의 영향력을 없애기 위해 외국어(그리스어와 아시리아어)를 사용하는 선교사를 없애고, 아르메니아만의 종교 의식을 시행하는 시기가 있었다. 347년 아르메니아가 비잔티움과 페르시아로 나뉘어 자립성을 잃게 되자 상황은 더 악화되었다. 아르메니아인들은 동화될 위험에 빠졌다.

서기 405년 메스롭 마스돗트(Mesrop Mashtots)라는 신부가 국가 정체성과 이미지를 지킬 수단을 만들었다. 알파벳을 이용하여 36개 문자로 이루어진 아르메니아 문자를 만든 것이다. 창제 당시 36개의 문자는 지금까지 그대로 사용되고 있다. 이 36개의 문자로 완벽하게 소리음을 적을 수 있어, 아르메니아인들은 자신들의 문자를 세계 최고의 음성 표기 문자라고 자부하고 있다.

아르메니아어로 번역된 성서의 잠언 첫 문장은 "지혜와 지식을 아는 것, 이해의 말을 지각하는 것"이었는데 이 문장은 우연히 선택된 것이 아니었다. 지식을 통해 세계의 문화와 과학, 역사를 알게 하려는, 아르메니아인들에게 주는 일종의 지침이었다. 메스롭 신부가 만든 문자는 모두 대문자였으며 '예르카타기르(YERKATAGIR)'라고 불렸다. 아르메니아인들은 새로운 이 문자를 양피지뿐만 아니라 돌이나 금

속에도 새기기 시작하였고 점점 아르메니아인들 속으로 스며 들어갔다.

또 문자에는 숫자 개념도 포함되어 있는데, 더하기, 빼기, 곱하기, 나누기 등의 계산을 로마 숫자보다 훨씬 쉽게 할 수 있다. 아르메니아 사람들의 장사 수완이 얼마나 뛰어났는지 알 수 있다. 아르메니아인들은 지리적 특성으로 오랜 기간 외세의 침입을 받아왔지만, 자신들만의 역사와 문화를 굳건하게 지키고 발전시켜왔다.

문자와 언어 또한 마찬가지인데 러시아령에 있을 때에도, 소비에트 연합을 이루었을 때에도 자신들의 문자와 언어를 잃지 않았다. 아르메니아어는 흔히 보기에는 러시아어와 문자 표기가 비슷해 보이지만 전혀 다르다. 출장시 통역으로 함께 간 나르기자혼(우즈베키스탄)도 러시아어를 유창하게 구사하지만, 아르메니아를 전혀 읽을 줄도, 쓸 줄도 모른다는 것을 알고 새삼 놀랐다.

전 세계에는 약 6,000여 가지의 언어가 있다고 한다. 외국인들에게는 우리의 된소리, 거센소리 발음이 다소 어렵다고 한다. 하지만 바그렛 이사는 강남스타일 노래 가사인 '오빤 강남스타일~'의 부분을 유창하게 부를 수 있었다. 한술 더떠 '더, 떠, 터, 저, 쩌, 쳐' 등 예사소리, 된소리, 거센소리 3단계로 된 우리의 문자를 이미 어느 정도 알고 있었고, 굉장히 과학적이라고 말하기도 하였다. 한글의 우수성을 다시 한 번 깨달을 수 있었다.

미, 소 냉전체제를 거치면서 러시아어 위주의 언어교육으로 영어는 일부러 가르치지 않고 배제를 시켰다고 한다. 그래서인지 일부 지도층을 제외하고는 영어를 구사할 수 있는 사람의 비율이 대단히 낮다고 한다. 심지어 비행기 안에서 같은 민족이지만 영어, 아르메니아어, 러시아어 간 3자 통역이 이루어지는 웃지 못할 일들도 있었다.

շնորհակալ եմ (슈노하칼 렘)

감사합니다.

Thank you.

ՀԱՅԱՍՏԱՆԻ ՊԵՏԱԿԱՆ
ԶԱՐԹՈՆՔ ընկերությունը ներկայացնում է
ԺԱՄԸ՝
19:00
Առնո Բաբաջանյան համերգասրահ
ՀԱՄԵՐԳ CONCERT
Հայ ազգային երգ և պար
Armenian national song and dance
Սուսաննա Սաֆարյան
Susanna Safaryan
20
October
19:30
"Husher
tel: 20 92 92,
Abovyan 2

НАТАН
Сомвел

아르메니아의 축구 영웅

미키타리안

헨리크 미키타리안은 아르메니아의 축구 영웅으로서 한국으로 치면 박지성 선수와 비견된다. 아르메니아의 자랑인 그는 1989년 1월 21일 예레반에서 태어났고 20세가 되기 전인 2006년 아르메니아 최고 축구클럽 퓨니크에서 1군 무대에 데뷔했다. 우크라이나 클럽을 거쳐, 실력을 점차 인정받은 그는 2013년 독일 분데스리가 명문 클럽인 도르트문트에 입단했고, '스탯 제조기'로 명성을 쌓아 2016년 세계적인 구단 영국의 맨체스터 유나이티드에 합류하였다.

177㎝, 75㎏의 체격조건에 오른쪽 공격수인 그는 양발을

자유자재로 쓰는 능력 등을 바탕으로 2017년 UEFA 유로파리그에서 맨유가 우승하는데 결정적인 공헌을 하였다. 미키타리안 덕분에 축구는 아르메니아에서 가장 인기 있는 스포츠가 되었는데, 현재 그는 또 하나의 영국 프리미어 리그 명문 클럽 아스널에서 뛰고 있다.

유로파리그 우승으로 미키타리안은 아르메니아 1급 훈장을 받았고, 2009년 처음으로 아르메니아 올해의 축구 선수로 선정된 뒤 2010년을 제외하고는 총 8회에 걸쳐 계속해서 아르메니아의 축구 영웅으로 칭송받고 있다.

소비에트 연방이 붕괴되면서 독립한 나라들은 모두 15개 국가에 이른다. 우즈베키스탄, 키르기스스탄 등 일명 '스탄'의 대부분 나라들은 중앙아시아로 명명되어 아시아로 편입되었다. 아르메니아, 아제르바이잔 등은 유럽으로 편성되어 월드컵 본선 진출을 위한 경쟁을 펼친다.

지난 2018 러시아월드컵 본선 진출을 위한 예선에서 아르메니아는 강팀 덴마크, 폴란드, 몬테네그로, 루마니아, 카자흐스탄과 조 편성이 되었는데 다소 큰 실력 격차로 탈

락했다. 미키타리안은 폴란드와의 경기에서 1-6 참패를 당한 이후 아르메니아 캡틴으로서 팀 패배의 모든 책임은 나에게 있다면서 스스로 책임지는 모습을 보였다. 리더로서 회피하지 않는 모습을 보인 미키타리안, 국민들은 아르메니아 축구 영웅으로서 여전히 그를 칭송하고 있다.

아르메니아, 아제르바이잔, 벨라루스 등 구 소비에트 연방 국가들은 아직 월드컵 본선에 한 번도 나가지 못했지만 언젠가 진출할 것이라는 희망을 갖고 있다.

물 뿌리는 날,
바르다봐르

캐스케이드를 방문하고 있던 우리 일행에게 물총을 든 아이들이 뛰어온다. 그리고 순식간에 한바탕 물세례를 선물로 주고 낄낄대며 도망간다. 영문을 모른 채 있는 우리들에게 또 물바가지를 가득 채운 상점 주인이 다가오자 우리는 도망을 갔다. 인솔자에게 왜 그러는지 물어보니 오늘이 '물 뿌리는 날'이라고 한다.

아르메니아에는 '바르다봐르(Vardavar)'라고 불리는 전통 물축제가 있다. 이날 아르메니아인들은 세반 호수에서 수영을 하기도 하고 좋아하는 여자들에게 물을 뿌리면서 은

근한 관심을 보이기도 한다.

오래된 전통으로 종교적인 근원에서 축제가 시작되었는데, 즐거움과 재미를 위해 현재의 형태로 변했다고 한다. 30도가 훌쩍 넘는 여름 무더위를 식힌다는 의미도 있지만 바다가 없어 물이 늘 부족하여 가뭄에 시달리는 아르메니아 땅을 위로하는 축제이기도 하다.

이 날은 각자가 다른 사람에게 물을 뿌리며 서로의 더위를 식혀주는데, 아이들 행사같지만 어른들도 함께 한다. 이 날은 남녀노소, 지위고하를 막론하고 누구에게나 물을 쏟아부으며 즐길 수 있고, 이에 외국인 관광객도 예외는 아니다. 옷이 흠뻑 젖게 물벼락을 맞아도 물을 뿌리는 사람에게 누구 하나 화를 내지 않는다.

예레반 공화국 광장 중앙분수대 앞에 도착해 보니 수많은 인파가 모여서 물속에서 즐거운 축제 한마당을 펼치고 있었다. 주요 도로에도 9대의 살수 차량이 지나다니며 물을 뿌리고 축제를 함께 하고 있었다. 장난기 넘치는 눈빛으로 물총을 가득 채워놓고 기다리는 아이들이 곳곳에서 우리를 기다리고 있었다. 우리나라에도 직책과, 나이 등을 모두 내려놓고 이념과 지역 등을 떠나 국민 모두가 함께 웃고 즐기는 평등한 축제가 생기길 마음속으로 상상해보았다.

중세 아르메니아 예술인 카츠카르

'Cross Stone'은 아르메니아에 가장 널리 퍼져 있는 중세 아르메니아 예술 중 하나이며, 아르메니아인의 정체성을 보여준다. 'Cross Stone' 일명 돌 십자가는 영어식 표현이며 아르메니아어로는 '카츠카르(Khachkar)'가 대중적인 표현이다. 십자가가 새겨진 카츠카르는 기독교 국가가 아닌 나라에서는 찾아볼 수가 없다.

9세기에 시작된 카츠카르는 12~13세기에 걸쳐 예술품으로 발전되었고 식물 및 기하학적 장식과 결합되어 수직 형태로 땅에 서 있다. 카츠카르는 현재 아르메니아 고원지대,

고 시가지의 주거지역, 공동묘지, 수도원, 교회의 주변에 널리 퍼져 있다.

원래 아르메니아에서 모놀리식[1] 오벨리스크[2](menhir, dragon-obelisk, border-stone 등)를 숭배하는 것은 수천 년에 걸쳐 내려온 전통이다. 야외의 기독교적 오벨리스크를 숭배하는 국가적 전통은 기독교가 국가 종교로 선포된 초기부터 진행되어왔다. 5~7세기에는 끝부분에 날개가 있는 십자가가 달린 사변형 기념물이 널리 퍼져 나갔고, 십자가의 모서리는 성경의 한 장면과 인물들로 장식되었다. 그러면서 점차 지금의 카츠카르로 변모하기 시작하였다.

카츠카르에는 아르메니아인들이 기독교를 받아들이는 과정에 대한 세부적인 이야기가 기록되어 있다. 문맹자들에게 글을 읽을 줄 아는 사람들을 위한 책과 같은 역할을 하였다.

십자가에서 고통받는 인물만을 묘사한 장면은 새로운

1) 하나의 단일 암석으로 만들어진 덩어리를 총칭
2) 고대 이집트 왕조 때 태양신앙의 상징으로 세워진 기념비(출처 : 두산백과)

신자들에게 영감을 불어넣을 수 없었다. 아르메니아 교회는 그리스도-하느님의 구세주 십자 사상의 개념을 묘사하고 알리기 위해 포도, 포도 덩굴, 석류나무, 과일, 산 등 아르메니아 민족에게 더 친숙한 상징과 결합한 십자가를 이용했다. 점차 카츠카르는 아르메니아인들의 마음에 들기 시작하였고 신자들은 건물의 준공, 전쟁의 승리, 누군가의 죽음 등 일상 속의 변화를 이것에 새겼다.

카츠카르의 큰 매력은 화려한 장식 판화이다. 예술가들은 울퉁불퉁한 선을 능숙하게 구부리며 새로운 요소를 형성하고 자신의 영감을 더해 전체적으로 무한한 환상을 나타낸다. 중심부에 있는 십자가는 낮은 부분(지구, 인생, 과거, 그리고 악을 상징하는 장식품)과 윗부분(천국, 신성함, 미래, 행복을 상징하는 장식품)을 연결하여 신자와 신 사이의 중개자 역할을 수행한다.

오랜 시간이 흐른 후 1960년대에 카츠카르는 처음으로 묘지의 비석으로 만들어졌으며, 지금은 본래의 장식 예술품의 목적보다는 죽음을 기록하는 비석으로 더 널리 쓰이고 있다.

카츠카르

아르메니아에서 만난 사람들

모스크바에서 예레반으로 가는 비행기 안에서 만난 갈렘좀

프랑스 파리에 사는 갈렘좀은 불어와 아르메니아어를 구사할 수 있다. 까르푸 마켓에서 디렉터로 일하는 그는 흥이 많은 친구였다. 아르메니아 재외동포 올림픽에 프랑스 마르세유 축구팀의 일원으로 출전하기 위해 휴가를 쓰고 아르메니아로 가는 도중이었다.

그는 자신의 축구게임 일정을 말해주면서 우리에게 축구경기를 보러 오라고 초청했다. 그는 마르세유팀 소속인데, 그 팀은 7월 21일 12시에 이수 콤플렉스 경기장에서 수

야라는 팀을 상대로 경기를 한다고 했다. 뒤에 있는 친구 알렉스는 배구팀 선수라고 말했다. 그는 자신이 스웨덴의 축구선수 즐라탄 이브라히모비치를 닮았다면서 그 선수를 아느냐고 묻기도 했다.

갈렘좀은, 자식이 더 좋은 나라에서 살았으면 하는 부모님의 바람으로 네 살 때 프랑스 파리로 와서 지금은 까르푸에서 일한다. 어딜 가나 부모가 자식을 위하는 생각은 같다고 본다. 영어가 통하지 않아서 깊은 이야기를 나누는 것은 어려웠지만 아르메니아 전통 노래를 쉴새 없이 부르는 그와 그의 친구들에게서 즐거움을 느꼈다.

아르메니아에 도착한 후에 어디에서 묵느냐고 물어보니 친구 집이 있다고 한다. 네 살 때 외국으로 갔으니 어떤 친구가 있는지 궁금했지만, 어렸을 때부터 방학 때마다 아르메니아에 왔기에 지금도 친구들과 잘 지낸다는 것이다. 그가 여러 곡의 아르메니아 노래를 알고 있다는 것에 신기함을 느꼈다. 뒤에 있는 알렉스는 집안이 부자라 아르메니아에서 제일 좋은 호텔이자 세계적인 체인인 메리어트호텔에 묵는다고 했다. 갈렘좀은 자신은 아르메니아를 사랑하며 아르메니아인 여자 친구가 시칠리아에 있는데, 특히 "앞으로 그녀와 결혼해서 같은 아르메니아 자식들을 낳는 것이 꿈"이라고 했다.

영어 구사가 가능한 친구가 오자 다소 이야기가 통하기 시작했다. 갈렘좀은 약 10여 일간 아르메니아에 머무른 후, 8월 1일에 프랑스로 다시 돌아갈 계획이라고 했다. 갈렘좀과 그의 친구들 때문에 비행기 안이 시끄럽다. 승객들 몇몇은 귀를 막기 시작해 친구들에게 좀 조용히 했으면 좋겠다고 말을 했더니, 그의 대답이 더 웃긴다. 우리는 흥이 많은 민족이라 어쩔 수 없다고 말한다.

한류를 느끼게 해준 대학생 크리스티나

출장 이틀째 아침 식사를 한 후 산책에 나섰다. 신호등에서 한국말로 이야기를 주고받을 때, 뒤에 있던 젊은 아르메니아 여성이 말을 건넨다.

"한국 사람이세요?"

한국말이 들릴 것이라고는 상상조차 하지 못했기 때문에 의아해하며 신호등을 건넜다. 그녀는 신호등을 함께 건너며 마치 우리를 아는 듯한 표정으로 큰 눈을 껌뻑인 후에 다시 물었다.

"한국 사람이세요?"

우리는 놀라며 본능적으로 "예스"라고 대답했다. 마치 연예인을 만난 양 그녀는 깜짝 놀라며 우리에게 자꾸 감탄을 한다. 그녀가 한국말을 조금 할 줄 아는 것을 보고 어떻게 한국을 아느냐고 물었더니, 한국은 부자나라라며 걸그룹과 아이돌 그룹 이름을 술술 얘기한다. 빅뱅과 EXO, 소녀시대, GD를 모두 알았고 우리가 전라북도에서 왔다고 하니 소녀시대 태연의 고향이 전주라는 것은 물론 전주 한옥마을, 전라북도도 알고 있었다.

내심 기분이 좋았다. 한국을 알아도 서울, 부산 정도를 안다고 말할 줄 알았으니 말이다. 옆에 있는 분이 전라북도 도지사이며 한옥마을을 만든 장본인이라고 전하니 깜짝 놀라며 함께 사진을 찍자고 한다. 그리고 한국에 가본 적은 없지만 언젠가는 꼭 가보고 싶다면서, 우리에게 마지막으로 아르메니아 사람들을 어떻게 생각하는지를 물었다.

순간 몇 가지 생각이 들었다. 마치 우리의 소녀 팬들처럼 아이돌 그룹을 너무 좋아해서 막연한 환상으로 그들과 결혼하고 싶다는 생각하는 것인지 싶었다. 우리는 몇 가지 좋은 느낌을 이야기해주었다.

"처음에는 잘 몰랐지만 와서 보니 사람들이 정말 친절하고 흥이 많고, 생기가 넘쳐 보였다. 음식도 너무 맛있었다."

공식 일정까지는 시간이 얼마 남아 있지 않아 그녀와 작별을 고하며 명함을 건넸다. 한국에 오게 되면 꼭 연락하라고 했고 아르메니아 신호등 크리스티나 하면 알아듣기로, 우리만의 신호를 주고받았다. 마침 그 신호등 바로 앞에 그녀의 학교가 있었다. 우리와 헤어진 그녀는 마치 로또라도 당첨된 양 마구 뛰어가며 앞에 있는 친구들에게 말했다. 한국의 아이돌을 만났다고 자랑하는 듯.

아르메니아까지 한류가 퍼져 있고, 특히 전라북도를 알고 있다는 점에서 뿌듯했다. 덕분에 기분 좋게 하루를 시작할 수 있었다.

한국국제교류재단에서는 2006년 9월부터 2012년 8월까지 박희수 한국어 객원교수를 예레반 국립언어대학교에 파견하여 학생들에게 한국어를 보급한 적이 있다. 2007년 9월에 한국어 과정이 정규 선택과목으로 채택되었고 2008년 2월에는 전공 필수과정으로 승격되었다. 2011년 당시에는 제2전공 외국어로 30여 명, 제3전공 외국어로 70여 명이 한국어를 선택해서 공부를 하고 있었다. 그 후 한국어과가 정식으로 생겼고 해마다 5~6명 정도가 전공으로 공부를 하고 있다.

현재는 아르메니아 내 한국 문화에 대해 관심을 갖고 한국어를 배우고자 하는 초·중·고 학생 모임(인터넷상)인 '코리아 클럽'의 회원 수가 약 2,500여 명에 달하며, 지속적으로 확대되고 있다고 들었다.

조국의 미래를 그리는 멋진 청년 멜스

아르메니아에서 러시아로 돌아오는 비행기에서 옆에 앉

게 된 멜스는 뉴욕에 살고 있으며 그곳에서 대학을 졸업한 30살의 젊은이다. 성격이 쾌활한 멜스는 먼저 말을 걸면서 자기소개를 했다. 그는 "일 년에 한 번 이상 아르메니아를 방문하는데 이번에는 치아치료도 하고 겸사겸사 올림픽에도 참여하려고 왔다."는 것이다.

그는 6일 일정으로 아르메니아에 온 터라, "왜 비행기까지 타고 와서 치아 치료를 하느냐."고 물었더니 "뉴욕에서는 치아 한 개를 치료하는 데 500달러 정도 드는데 고국에서는 100달러 정도여서 싸다."고 한다. 멜스는 한국에 대해서도 많은 것을 알고 있었다. 태어나자마자 한 살 더 먹게 되어 유럽 사람들보다 나이가 많게 표현된다는 것, 서울과 부산도 어느 정도 알았다. 하지만 애석하게도 전라북도는 몰랐다.

그는 세계적인 브랜드인 'SAMSUNG'이 대한민국 브랜드라는 것, 특히 삼성이 자동차산업에 진출하여 많은 돈을 잃은 것도 알고 있었다. 아르메니아의 거의 모든 사람이 기독교를 믿지만 멜스는 그렇게 독실하지는 않다고 했다. 교회에도 가는 둥 마는 둥이란다. 우리 출장의 목적을 밝히고 '너희 나라 장관들과 총리를 만났다.'라고 하니 언젠가 자신도 아르메니아에 돌아가 총리가 되겠다.'라는 꿈을 말했다. 그에게 "그때는 반드시 한국의 우리를 초청하라.'는 말을 농담처럼 건넸다.

멜스가 갑자기 이런 질문을 했다. 한국에서는 식수를 어떻게 공급받아서 먹는지 궁금하단다. 아르메니아에는 바다가 없기 때문에 호수에서 물을 끌어다가 식수로 쓴다는 것이다. 우리는 저수지나 댐을 만들어서 비가 오거나 눈이 오면 그것을 저장했다가 여러 번 정수해서 먹는 물로 만든다고 했더니, 비가 많이 오지 않는 아르메니아에서 사는 멜스는 그것을 부러워했다. 바다가 없어서인지 한국이 조선 강국으로, 배를 많이 만드는 것이 참 매력적이라고 했다.

환경이 그 나라를 지배한다. 우리에게는 지극히 당연하다고 생각되는 것도, 때로는 당연한 게 아닐 수 있다는 생각이 들었다. 그는 총리가 되면 참 할 일이 많다고 했다. 아르메니아가 그 어떤 나라보다 잘 살길 바란다는 바람을 얘기하는 한편 늘 고국으로 오는 비행기에서 언젠가 꼭 성공하여 고국에 돌아오겠다는 다짐을 한다는 것이다.

책을 만들게 되면 어떻게든지 제일 먼저 주겠다는 약속과 총리가 된 후 다시 만날 날을 기약하며 멜스와 러시아 공항에서 작별을 했다. 현재는 페이스북으로 대화하며 안부를 묻기도 한다.

최근에는 한국에 대해 뉴스를 통해 접했다고 연락이 왔다. 그는 "한반도에 평화가 다가오고 있다."며 "문재인 대통령과 김정은 위원장이 만난 것은 역사적인 순간이었다."며 마치 한국인처럼 기뻐했다.

과거 비행기에서 나에게 "한국 대통령이 김정은인 줄 알았다."는 것 치고는 장족의 발전이라는 생각에 미소가 절로 지어졌다. 멜스가 말하기로는 이번 일로 문재인 대통령이 전 세계에 굉장히 유명해졌다고 한다. 하지만 트럼프는 여전히 좋아하지 않는다는 말도 빼놓지 않았다.

LG
MTS

mobile centr
SAMSUNG
CLOSE

KIA
25 UU 691

처칠도 감탄한

아르메니아 브랜디

아라라트 산은 술로 먼저 만났다. 브랜디(Brandy) 아라라트는 알코올 도수가 40도로 높은 술이지만 달콤한 향이 물씬 풍겨 나왔다. 예로부터 조지아는 와인, 아르메니아는 코냑과 브랜디가 유명했다. 와인은 포도의 당분을 발효시켜 만든 술이고, 브랜디는 와인을 포함한 과일주를 한번 더 증류한, 알코올 도수가 높은 술을 총칭한다. 넓게는 과일주에서 증류된 술을 뜻하지만, 보통 단순 브랜디라고 하면 와인을 증류한 술을 뜻한다. 이것은 곡류를 원료로 한 증류주인 위스키(Whisky)와는 구별된다.

아르메니아는 아르메니아 코냑으로 유명했지만 코냑은 원래 프랑스 코냐크 지방에서 생산되는 와인을 원료로 한 브랜디이다. 브랜디들 중 품질이 세계 제일로 평가되어 코냑이라는 이름이 브랜디와 동의어처럼 쓰였다. 하지만 요즘은 아르메니아 코냑이라는 말보다는 아르메니아 브랜디로 불린다.

아르메니아 브랜디는 국가를 대표하는 특산품들 중의 하나로, 동구권 전체로부터 사랑을 받는다. 아르메니아의 브랜디 양조 역사는 1887년으로 거슬러 올라간다. 네르세르 타이리얀(Nerses Tairjan)이라는 인물이 예레반 브랜디 회사를 설립하면서 본격적으로 연구하였고, 가내에서 생산하던 브랜디를 대규모로 생산하였다. 이에 따라 맛과 품질이 크게 향상되었다.

이어 1899년 러시아 회사에서 공장을 인수하면서 결과적으로 아르메니아 브랜디는 러시아 궁정에서 선호하는 술로 이름을 날렸다. 아르메니아 브랜디를 더 유명하게 만든 것은 스탈린이다.

드빈은 아르메니아 옛 수도의 이름인데 스탈린이 처칠에게 하루 한 병씩 마시라고 하면서 한 해에 300병씩 보냈다고 하는 아르메니아 브랜디가 드빈 브랜디이다.

가장 도수가 높은 브랜디는 알코올 도수가 57도에 이른다. 이것은 시베리아인들을 추운 날씨에 몸을 얼지 않게 해주려고(수출) 만들어진 것이라고 했다. 시베리아인들은 브랜디를 초콜릿과 함께 마신다고 한다. 소비에트 연방 시절 아르메니아 브랜디 공장은 국영화되었으며 점차 생산을 늘리며 새로운 설비가 요구되었고 1953년 생산 공장이 예레반 동쪽 언덕에 새롭게 옮겨가면서 예레반 브랜디 공장(Yerevan Brandy Factory)이라고 불리게 된다.

이곳에서는 아르메니아 5천여 농가에서 생산된 와인으로 브랜디를 만든다. 연간 전 세계 25개국에 약 800만 병을 수출하며 5,700만 달러의 수입을 올린다는 것이다. 이곳에서 아라라트 범위의 유명한 브랜디가 만들어지고 있다.

브랜디와 그 전 단계인 와인이 어디서 먼저 나온 건지에 대해서는 여러 가지 설이 있지만 일반적으로는 아르메니

КОНЬЯК
АРАРАТ
НАИРИ·ՆԱԻՐԻ
ՏԱՐԻ 20 ЛЕТ

아에서 먼저 시작되었다는 것이 더 인정받고 있다. 오래 전 이름 없는 동굴 속 노천 카페(지금으로 치면 와이너리)가 발달되었다고 하며 이곳은 세계 최초 와인 동굴이라고 칭송된다. 사계절이 있지만 연간 따뜻한 날씨가 지속되므로 전설의 브랜디 아라라트는 이렇게 완성되어지고 있다.[1)]

아르메니아의 술 이야기

아르메니아에서는 술을 마실 때 건배사를 총 세 번 외친다고 한다. 첫 번째 건배사는 자신의 사랑하는 가족을 위해, 두 번째는 무조건 여성을 위해, 술 자리에 단 한 명이라도 여성이 있다면 그녀를 위해 건배사를 외친다. 세 번째는 신이 선택한 나라답게 천국을 위해 잔을 들고 신에게 외친다.

아르메니아에서도 한국의 술 문화와 비슷하게 혼자 잔을 채우는 것이 상대방에게 큰 실례다. 그래서 같이 마시는 사

1) 현재 아라라트 브랜디의 범위는 ARARAT 3성(3년), ARARAT 5성(5년), Ani(6년), Otborny(7년), Akhtamar(10년), Vaspurakan(15년), Nairi(20년) 등이다.

람의 술잔이 비워지면 반드시 바로 따라주는 습관이 있다. 하지만 병에 남은 마지막 술을 상대방 잔에 따르면 그 사람이 다음 병의 술을 사야 하는 것을 의미하기 때문에 마지막 남은 술은 자기 잔에 따르는 것이 예의라고 한다.

이곳에서 들은 술과 관련된 유명한 일화가 있다. 아르메니아에 놀러온 한 미국인이 아르메니아인이 술을 잘 마신다는 소리를 듣고 길에 있는 한 아르메니아인에게 10만 달러의 돈을 줄 테니 보드카 큰 병 3병을 한자리에서 마실 수 있는지 내기를 걸어왔다고 한다. 한참을 생각하던 아르메니아인이 그럼 30분만 시간을 달라고 했다.

30분 후에 돌아온 아르메니아인에게 미국인이 조심스레 "마실 수 있겠냐?"고 물어봤더니 그는 "당연하지요" 하면서 정말 그 자리에서 3병을 마셨다고 한다. 미국인이 "이렇게 쉽게 할 거면서 왜 30분을 달라고 했냐?"고 묻자 아르메니아인은 "이런 내기를 해도 되는지 보드카 3병을 마시고 신에게 물어보고 왔다."는 것이었다. 그만큼 술을 잘 마시고 호탕하며 흥이 많은 민족이라는 의미이다.

ՏԱՐԻ 20 YEARS
ARARAT
ՆԱԻՐԻ · NAIRI
ՏԱՐԻ 20 YEARS

지혜와 정이 만든 빵,
라바쉬

아르메니아인들은 넉넉한 마음씨로 유명하다. 아르메니아 사람 10명이 소풍을 간다면 그들이 싸온 음식으로 다른 유럽 사람 100명이 먹을 수 있다고 한다. 그만큼 심성과 먹성이 모두 좋다. 남을 대접할 때에도 그렇다.

어마어마한 에피타이저를 먹다 보면 정작 메인 요리 등에는 손도 못 댄다. 아르메니아에서 먹는 음식은 의외로 나쁘지 않았다. 아르메니아의 주식은 빵, 야채, 고기로 만든 요리들이다. 그들의 식탁에서 매 끼니마다 빠지지 않고 나오는 음식이 전통 음식 '라바쉬(Lavash)'이다.

라바쉬는 화덕(Tonir)에 구운 얇은 빵으로, 아르메니아 가정 어느 곳에서도 볼 수 있고 어떤 음식점에서도 판매된다. 우리의 상추 쌈처럼 싱싱한 토마토, 오이, 찐 가지 등의 채소, 호로바츠 고기 등 모든 것을 라바쉬에 싸서 먹는다.

2~3㎜ 정도로 얇고 가는 것이 특징이며 밀가루 반죽을 호빵처럼 만들고 방망이를 이용해 얇게 펴서 만든다. 이어 30초~1분 정도 화덕에서 높은 온도로 빠르게 굽는다. 화덕은 최상급의 진흙을 이용해 만든다. 가장자리 지름은 약 1m, 깊이는 1~1.5m 정도이며 점토 입구가 화덕의 바닥으로 뻗어 있어 불에 산소를 공급한다.

라바쉬를 굽는 과정에 대한 여러 가지 전해오는 미신이 있다. 라바쉬를 구울 때 화덕에 돈을 붙이지 않으면 구워지지 않는다는 것, 첫 번째로 구운 라바쉬가 크게 부풀어 오르면 그 해는 매우 풍년이라는 것, 새로 결혼하는 부부는 결혼 후에 화덕의 주변을 몇 바퀴 도는 풍습이 있다는 것, 집안의 딸들 중 한 명이 라바쉬 반죽 후에 반드시 기도를 해야 한다는 것 등이다.

또 하나의 특징은 유통기한이 매우 길다. 건조 상태로 최대 6개월 정도 보관할 수 있기에 아르메니아 여러 지방에서는 가을에 라바쉬를 구워 겨울을 나기 위해 저장하기도 한다. 집집마다 라바쉬만을 저장하는 창고가 있고 마트에서도 라바쉬만을 보관하는 진열대도 있다.

라바쉬는 러시아 및 조지아 빵과 비교해 수분이 적어 더 담백하다. 아르메니아 선조들이 장기간 여행을 갈 때 반드시 라바쉬를 가져갔다고 하는데, 다른 빵들이 무겁고 빨리 상해서 라바쉬를 만들게 되었다. 오래된 마른 라바쉬에 물을 뿌리면 신기하게 새로운 빵처럼 부드러워지며 맛 역시 보존된다. 가루 반죽의 부스러기가 없기 때문에 쉽게 소화할 수도 있다.

아르메니아인들에게 라바쉬는 단순한 굽기를 넘어선 하나의 문화이며 지켜야 할 유산이다. 우리의 김장과 마찬가지로 마을의 아낙네들이 모여 함께 모여서 만들고, 나누어 가져간다. 아르메니아인들은 화덕에 양심을 굽는다고 생각하기 때문에 누가 구웠든, 어디에서 팔든 만들어진 라바쉬는 누구나 믿고 먹는다. 이것은 아르메니아 국민들이 라바쉬라는 국가적인 빵에 대한 찬사와 평가의 표현이라고 볼 수 있다.

아르메니아인들에게 라바쉬는 단순한 빵이 아닌, 우리의 '김치'처럼 하나의 문화이며 지켜야 할 유산이다.

UNESCO
United Nations Educational,
Scientific and Cultural Organization
2014թ. ներառվել է (որոշում 9.COM 10.3)
մարդկության ոչ նյութական մշակութային
ժառանգության ներկայացուցչական ցանկ
Lavash, the preparation, meaning and appearance of traditional bread as an expression of culture in Armenia
Inscribed in 2014 (decision 9.COM 10.3) on the Representative List of the Intangible Cultural Heritage of Humanity
Лаваш: приготовление, значение и внешний вид традиционного хлеба как выражения культуры в Армении
Внесен в 2014 (решение 9.COM 10.3) в представительный список нематериального культурного наследия человечества

아르메니아의 삼겹살, 호로바츠

라바쉬와 더불어 또 하나의 주식이 있다. 한국인들에게 유별난 사랑을 받는 삼겹살처럼, 구워먹는 꼬치구이 '호로바츠(Khorovats)'이다. 호로바츠 역시 화덕의 불기운을 이용해서 굽는다. 고기의 종류별로 돼지고기 호로바츠, 소고기 호로바츠, 양고기, 닭고기 등 다양하다. 감자 등과 함께 끼워서 만들며 구워진 호로바츠는 라바쉬 안에 싸서 먹는다. 다양한 고기의 종류가 나오고 맛 또한 훌륭하지만 그 느끼함과 짠맛 때문에 물과 탄산음료가 다소 필요할지도 모른다.

호로바츠

호로바츠와 곁들여 굽기 위해 준비 중인 감자와 버섯들

아르메니아의 목소리,
전통 악기 두둑

영화 '글래디에이터' 마지막 장면의 구슬픈 피리소리를 기억하는가. 아르메니아의 목소리라고 불리는 전통 악기 '두둑(Duduk)'의 소리이다. 두둑은 피리, 리코더와 비슷해 보이며 입으로 바람을 불어 소리를 내는 악기이다. 국가적으로 사랑을 받으며 국민 악기로도 불린다.

두둑은 널리 퍼져 코카서스와 중앙아시아의 다른 나라에서도 사용되었다. 약 3,000여 년의 역사를 가졌다는 두둑은 비슷한 악기가 이집트 피라미드를 발굴하는 과정에서도 발견되었고 그리스, 중국에서도 찾아볼 수 있다. 두둑은 대부분 살구나무(때때로 뽕나무나 호두나무로 만들어진다)로 만들어지기 때문에 '살구나무 호른(Horn)'이라고도 불린다.

두둑의 구성 요소는 원통형 호른, 마우스피스, 소리 조절 스프링, 밸브다. 악기에는 9개의 구멍이 있다(8개의 손가락은 악기 위쪽의 구멍을 막으며 엄지 하나만이 악기 아래쪽의 구멍을 막는다). 두둑은 28, 33, 40㎝의 길이로 만들어진다. 호른 머리 부분의 둥근 모양의 가장자리에는 음성 조절기 스프링이 달린 막대기와 이중 마우스피스가 고정되어 있다. 소리는 작은 옥타브 솔에서 2옥타브까지 올라갈 수 있다. 또한 부드럽고 멜로딕한 톤을 가지고 있다.

두둑은 3~4명이 함께 앙상블을 이루며 연주를 하지만 솔로로 연주되기도 한다. 솔로시 두둑 연주자들 중 한 명이 주요 파트를 맡고 나머지 연주자들은 솔로 연주에 방해되지 않도록 연주한다. 1920~30년대 바르단 부니(Vardan Buni)는 전통 두둑을 개량하여 세 가지 버전(대, 중, 소 크기)으로 만들었다. 그의 업적을 기리기 위해 큰 두둑은 부니폰(Bunifon)이라고도 부른다.

많은 아르메니아 음악가들과 두둑의 대가들은 지금도 새로운 버전의 두둑을 만들고 있는데, 이로 인해 오케스트라와 합주를 하는 새로운 형태의 두둑 또한 볼 수 있다. 2005년 두둑은 유네스코 세계문화유산으로 지정되기도 하였다.

세계적으로 유명한 두둑 연주자들은 마르가르 마가리안(Margar Margarian), 카로 샤초힐리안(Karo Charchoghlian), 레본 마도얀(Levon madoyan), 바체 호브세피안(Vache Hovsepian) 등이 있으며 오늘날에는 지반 가스파리안(Jivan gasparian)이 최고로 꼽힌다. 그의 연주는 세계영화 걸작(Russia House, The crow, Siege, Onegin, Doctor Zhivago)에서 들을 수 있고 2001년 영화 '글래디에이터'로 아카데미 음악상을 받았다.

구슬픈 악기 두둑, 사람들의 심금을 울리는 두둑의 소리는 아르메니아 고난의 역사를 은유적으로 표현한다. 특히 타국에서 두둑의 소리를 들으면 고향 영혼의 음색까지 들린다고 하며 아르메니아 해외동포들은 두둑을 부르며 고향의 향수를 달래기도 한다.

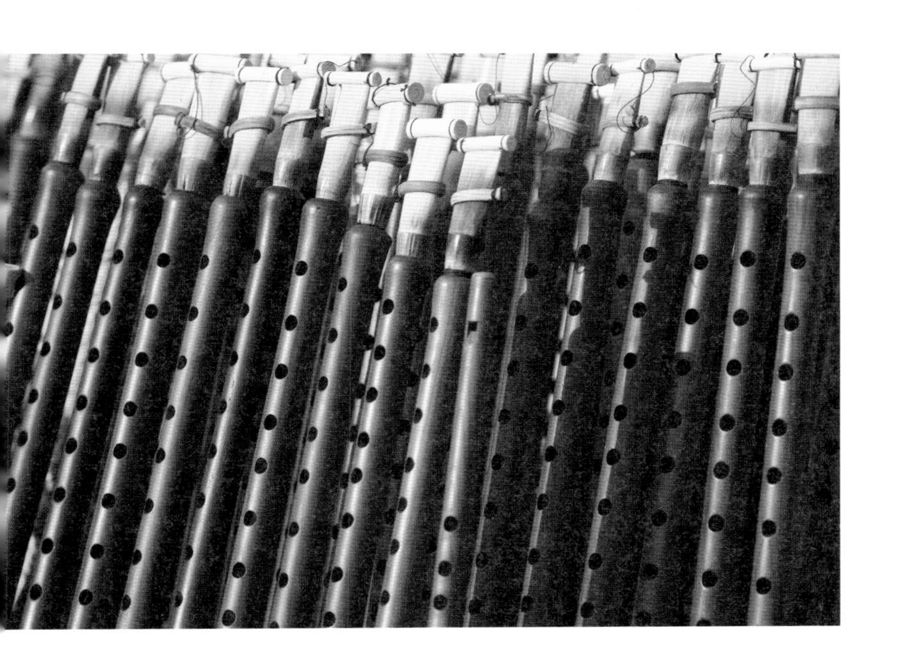

두둑을 부는 풍경은 아르메니아 거리에서 쉽게 볼 수 있다.

아르메니아의 농업

아르메니아는 GDP 가운데 농축업의 부가가치가 차지하는 비중이 전체 20%를 차지할 정도로 농축업 집중 국가다. 강수량이 부족한 가운데에서도 관개시설이 잘 되어 있고, 비옥한 토양과 기후조건, 화학비료의 제한 등으로 양질의 농산물이 생산되고 있다. 과거에는 생산된 농작물의 대부분을 국내에서 소비하는 자급자족 구조였다. 하지만 최근에는 수출을 위한 농업이 증가추세에 있다.

농업부문 수출은 국가 전체 수출의 약 10% 정도를 차지하고 있다. 수출이 늘어가며 농업의 비중이 날이 갈수록

커지고 있지만 인프라는 아직도 열악하다. 농기계가 부족해 호미와 곡갱이로 농작물을 심고, 마을마다 농기계를 공동으로 돌려쓰기도 한다.

주요 생산품목은 곡물(옥수수, 완두콩), 과일(포도, 무화과, 살구, 석류 등), 채소(고추, 당근, 호박 등), 주요 가공식품생산은 통조림, 포도 생산을 기반으로 한 와인, 브랜디 등으로, 주요 수출품목은 주류, 생선, 치즈, 과일, 통조림 등이다.

정부 정책 기조는 세계의 흐름에 따라 점차 친환경, 유기농 생산과 제품에 대한 지원 확대 쪽으로 강화되고 있다. 이를 위해 기존의 중구난방인 식품 안전시스템을 EU표준에 맞추려는 노력을 하고 있으며, EAEU(유라시아 경제연합)에 가입해 관세 문제를 공동으로 대응하고 있다.

한국과의 농식품 주요 수입 품목은 필터담배로 전체의 약 96.2%를 차지한다. 또한 수출품으로는 브랜디, 와인 등이 차지하고 있다.

아르메니아 농림부 장관 면담

아르메니아 농림부 장관과의 면담을 잠시 소개하자면 농림부 장관은 2017년 당시 45세의 아르메니아 공화당(RPA) 소속의 '이그넷 아라켈얀(Ignat Araqelyan)'이었다. 예레반 브랜디 회사에서 전무이사를 지내며 민간 영역에 있던 사람으로, 2016년 9월부터 농림부 장관에 임명되어 정책을 총괄하고 있다.

장관이 설명한 아르메니아 농림부의 프로젝트에 따르면 현재 아르메니아는 안전한 식량을 확보하는 것을 최우선으로 두고 모든 국민들에게 충분한 농축산 식품을 제공하는 것이 중점 정책이었다.

당근, 감자, 포도가 매우 유명하고 농업 교역에 있어서 야채, 치즈, 양고기 등 수출이 꾸준히 상승하고 있다고 했다. 하지만 낮은 생산성과 가축 사료를 만드는 기술 부족으로 한국의 선진 농업기술을 받아들이고 싶어했다. 특히 세계적으로 유명해진 한국의 ICT 관련 농업기술에 강한 관심을 보였다.

민간 출신 젊은 장관이어서인지 자신들의 약점을 솔직하게 말하는 모습은 신선하기까지 했다. 장관은 전라북도에 위치한 농촌진흥청을 비롯한 4개의 국가연구기관(**국립농업과학원, 국립식량과학원, 국립원예특작과학원, 국립축산과학원**)에 대해서 익히 잘 알고 있었다.

자신들도 국립 연구기관을 운영하는데, 이곳에서 유라시아의 선진기술을 도입해 연구, 생산한 작물들을 다시 유라시아 시장에 재수출한다고 하였다.

장관은 전북의 '삼락농정[1)]'과 '6차 산업[2)]'에 강한 호기심을 보였다. 농산물을 생산하고 수확하는 체험 과정을 만들어 관광상품으로 판매한다는 발상 자체를 놀라워했다. 그는 "아르메니아에 많은 관광객들이 오는데 관광객들이 아르메니아의 신선한 과일과 야채를 무척 좋아한다."면서

1) '보람찾는 농민, 제값받는 농업, 사람찾는 농촌'을 농민과 함께 만들어가는 전라북도의 협치농정 정책

2) 농산물을 포함한 농촌에 존재하는 모든 유무형의 자원(1차 산업)을 바탕으로 농업식품, 특산품 제조가공(2차 산업), 유통판매, 문화, 체험, 관광 서비스(3차 산업) 등을 연계함으로서 새로운 부가가치를 창출하는 활동

"전북의 6차 산업 정책을 배워서 실제 프로젝트를 추진해 보고 싶다."고 속내를 터놓았다.

아르메니아에 적용 가능한지, 인력들은 어떻게 조달하는지 등 쉬지 않고 질문을 하기도 했다. 이에 추후 아르메니아 농업 리더들이 전북을 방문할 경우 받을 수 있는 교육과정 개설을 아르메니아 농림부와 좀더 논의하기로 했다.

우리나라에서도 근대 농업 초창기에 네덜란드에서 기술을 가져왔다고 말하며 양국이 서로 손을 맞잡으면 반드시 상승효과가 날 것이라고 확신하며 면담을 마쳤다.

면담 후 환한 미소를 짓고 있는 양측 대표단

포도와 멀베리

5,000종의 포도 중 200종을 재배

역사에 따르면 인류는 수천년 전, 중동과 중앙아시아, 지중해 분지 동부지역에서 포도를 재배하기 시작했다. 각 지역의 60~70종의 포도가 중앙 유럽, 남유럽, 아시아의 여러 나라, 그리고 북아메리카로 퍼졌다. 현재 전 세계에 존재하고 있는 포도는 약 5,000종이라고 한다.

말할 것도 없이 아르메니아는 포도의 모국이라 불린다. 아르메니아는 포도 재배와 와인 생산을 하는 고대 국가들 중 하나였다.

수도 예레반의 전신인 예레부니를 발굴하던 중 발견된 와인 저장소, 거대한 와인 항아리, 탄화된 포도 씨앗은 위의 내용을 증명한다. 전문가들은 대부분의 아르메니아 고대 포도 종은 지역의 야생종이라고 생각한다.[1)]

한번 심어진 포도 나무는 약 300년까지 살 수 있다. 과육의 주요 구성 성분은 수분(70% 정도)이지만, 10~30%의 큰 당(포도당)이 들어있으며 유기산, 단백질, 미네랄, 다양한 종류의 비타민(B1, B2, PP, C) 등도 함유되어 있다.

아르메니아인들은 포도를 생으로 먹거나 건조시켜서 건포도 형태로 먹기도 하며 와인, 브랜디, 주스 등으로 만들기도 한다. 진한 시럽(doshab) 그리고 포도 젤리로도 만들어진다. 아르메니아들에게 사랑받는 음식 중 하나인 돌마(dolma, 포도 잎, 양배추 잎에 고기와 야채를 다져 속을 채워 넣는 음식)는 주로 포도 나무의 덩굴잎으로 만들어진다.

1) 지금 아르메니아에서는 White Arakseni, White Sateni, Yellow Yerevani, Nazeli, Ararat, Voskehat, Fat-tailed Lamb, Black Areni, Lalvar, Parakar, Mskhal, Hadis 등 알려진 5,000종의 포도 중, 200종 이상이 재배된다.

아르메니아 브랜디가 세계적으로 유명하게 된 배경에는 달콤한 맛과 향으로 알려진 아르메니아 포도가 있다. 아르메니아 선조들은 매우 오래 전부터 포도 수확을 즐기고 기념했다. 포도는 조각 예술 대상으로 사용되기도 하였고 카츠카르의 세부 장식으로 많이 새겨져 있다. 아르메니아인들에게 포도는 단순한 과일을 넘어 행복과 안녕을 기원하는 상징이다.

순수 아르메니아의 식물, 멀버리

멀버리(Mulberry, 뽕나무)는 고대부터 경작해오던 식물들 중 하나다. 뽕나무의 본래 산지는 중국이다. 기록된 역사에는 16세기 경에 아르메니아에 전파되었음을 알 수 있지만, 뽕나무가 아르메니아의 자연과 조화롭게 어울리는 특성을 가지고 있어서 마치 순수 아르메니아의 식물처럼 보인다.

뽕나무는 다른 생물들과 잘 결속하며 공생해가는 나무다. 오래된 관습에 따르면 뽕나무를 가지고 있는 사람은 넉넉하며 이웃과 수확물을 나눈다고 한다. 뽕나무 열매인 오디를 수확하려면 여러 사람이 힘을 모아 나무의 가지를 흔들어야 하기 때문이다. 뽕나무는 큰 각뿔 모양의 잎사귀가 있고 잎은 짙은 녹색으로 규칙적으로 나 있다. 뽕나무의 열매인 오디는 작은 녹색 꽃과 함께 그 주변에서 눈에 보이지 않을 정도로 자란다. 오디는 과즙이 풍부하고 달콤하며, 당도가 높고 비타민이 많이 함유되어 있다.

아르메니아의 20종 야생 오디와 약 400종이 넘는 재배종은 세계에도 잘 알려져 있다. 수확 기간에 따라 흰색, 붉은색, 검은색 오디로 구분되는데 하얀색 오디는 5월 말, 검은색 오디는 6~7월에 익는다. 오디 역시 아르메니아인에게 매우 사랑받는 과일이며 생으로 먹거나 건조한 후 먹는다. 오디잼, 오디시럽으로 만들어지기도 하며 오디로 만든 보드카와 증류수는 독특한 맛을 지니고 있다.

아르메니아에서 뽕나무는 오디로만 활용되는 것은 아니다. 뽕나무는 건조한 지역에서도 잘 버티며 황색의 나무는 집을 짓거나 수공예 작품을 만드는 데 활용된다. 동시에 나무와 잎을 활용하여 황색 페인트를 만들 수 있다. 잎, 나무 껍질은 전통적인 약으로 활용된다.

뽕나무의 최고 경제적 가치는 비단에 있다. 비단 세계 최다 생산국인 중국의 누에, 비단의 생산과 맞물려 뽕나무 잎을 수출하기도 한다. 누에는 뽕나무의 잎을 주로 먹는다. 그러므로 뽕나무는 누에나무라고 불리기도 한다. 멀버리는(뽕나무)는 살구, 포도 등과 함께 아르메니아에 신이 내린 3대 생산품으로 여겨진다.

아르메니아의 속 이야기와 관행들

아르메니아 차량에는 특이한 점이 있다. 운전석이 왼쪽에 있는 차량도 있고, 오른쪽에 있는 차량도 있다. 그러다 보니 교통 체계 또한 아직은 정교하지 않다. 왼쪽에 운전석이 있는 차량과 오른쪽에 운전석이 있는 차량을 가리지 않고 값싼 차량들을 수입한 결과라고 한다. 오른쪽에 운전석이 있는 차량은 대부분 일본에서 수입한 차량으로, 차츰 교통 체계를 정비하기 위해 일본산 차량에 세금을 조금 더 많이 부과하고 있다는 이야기를 들었다.

내전을 하고 있기에 직접적 교류는 없지만 국경을 맞댄

나라가 산유국인 아제르바이잔이기 때문에 기름값이 그리 비싸진 않다.

새롭게 바뀐 번호판에는 아르메니아 국기가 새겨져 있다. 미화 약 1,000달러 정도에 자신이 원하는 좋은 번호로 바꿔주는, 투명하지 못한 관행이 아직도 남아 있다고 한다. 또 아직 제도화되지 못한 통행료가 있는 것 같이 보였다. 공항 출국장, 입국장에서도 앞에 앉아 있는 공무원에게 돈을 쥐어주고 VIP 의전실로 들어가는 것을 보았다. 돈 액수에 따라 더 깊숙이 들어가기도 하고, 심지어 출국 게이트 앞까지 차가 들어갈 수도 있다고 하였다.

어느 지인이 아르메니아에서 불법 유턴을 하다가 현지 경찰관에게 적발되었지만 돈을 주고 풀려났다고 한다. 높은 금액을 요구하는 바람에 한국 돈 약 20만 원 정도의 많은 돈을 내었는데 아르메니아 물가로 치면 상당한 고액이다.

또 공항에서 애연가 한 분이 공항에서 담배가 피고 싶어 흡연실을 찾았다. 하지만 우리 공항 같이 흡연실이 없어 화

장실에 들어가서 몰래 피웠다고 한다.

청소하는 아주머니에게 곧바로 적발되었지만 그분에게 10달러를 몰래 쥐어줬더니 누가 오나 망까지 봐주고 담배를 피라고 했다고 한다. 그리고 다음에 다시 담배를 피러 갔더니 5달러로 깎아주었다고도 한다.

한편 시장에서는 정확한 가격이 없고 흥정에 의해서 물건값이 크게 요동치고 있었다. 바자-캔틴(Bazaar-canteen), 관행화된 급행료가 아직도 존재하기에 개선이 다소 필요해 보이기도 한다.

바자-캔틴(Bazaar-canteen)

흔히 개발도상국에서 중진국으로 가는 길목인 프리즘적 사회에서 나타난다. F.Riggs가 제시한 개념으로 수요자와 공급자 간 시장의 가격 조정 기제 외에 권력, 연고, 신분 등에 따라 상품가격이 자의적으로 결정되는 일종의 부정가성이다.

에필로그

아르메니아를 다녀온지 1년이 지났건만, 한국에 돌아온 뒤 책을 쓰면서 나는 매일매일 꿈속에서 아르메니아로 되돌아간다.

세상에 변하지 않는 것은 단 하나, '변하지 않는 것은 아무것도 없다.'라는 바로 그 진실 한 가지라는 누군가의 격언을 되새기면서, 내가 만났던 아르메니아의 긍정적인 변화를 보고 싶은 마음이 여전히 가득하다.

지난 2016년 겨울 대한민국이 촛불혁명을 통해 혹한을 이겨내고 봄을 맞이했듯, 최근 아르메니아에서도 차가웠던

겨울이 지나갔다는 소식을 들었다. 대통령의 장기집권을 막기 위해 290만 명의 국민 중 4만 명 이상이 매일 공화국 광장에 모여 촛불을 들었고, 그 결과 피 한 방울 흘리지 않고 평화로운 '벨벳혁명'으로 수십 년간 부패한 정권을 무너뜨린 것이다.

나는 아르메니아를 생각하면 마음 한켠이 서늘하다. 아르메니아인들이 마음에 품고 사는 어머니 '아라라트 산'이 떠오르고 그들의 순박한 미소와 발전 가능성을 지닌 열정이 기억나기 때문이다. 또 마치 우리네 어머니들처럼 자신의 배고픔보다 자식들의 교육이 먼저라는 신념으로 대부분의 자식들을 더 넓은 세상, 선진국으로 유학 보내는 부모들의 거친 손들이 떠오른다.

아울러 그런 부모들의 지원으로 멀고 먼 낯선 땅에서 자란 자식들은 언젠가 부강한 나라 '아르메니아'를 만드는 것을 늘 가슴속에 품고 산다. 그 젊은이들의 표정 역시 잊을 수 없다….

그렇다. 아르메니아에는 사람 냄새가 난다. 그 사람 냄새는 희망에 대한 믿음과 갈구가 있기에 가능한 것이다.

하지만 예레반의 봄은 아직 오지 않았다. 고질적인 부패와 경제난, 전쟁의 위험, 빈부의 격차, 예레반에 집중된 중앙과 지방과의 격차는 여전히 아르메니아가 풀어야 할 숙제다.

그럼에도 나는 한국인으로서 아르메니아 사람들과 새로 탄생된 혁명 정부의 축복을 기원한다. 아르메니아가 더 멋지고 발전된 평화로운 나라가 되길 진심으로 바라고 있다.

이제 이 책을 마무리하는 이 순간, 내일은 어쩌면 아르메니아 꿈을 꾸지 않을지도 모르겠지만 그들이 내게 준 따뜻했던 마음, 또 짧지만 행복했던 순간을 잊을 수는 없을 것 같다.

한 가지 소소한 희망이 있다면, 이 책을 읽는 독자들도 이 활자들 속에서 아르메니아의 따뜻함을 조금이나마 발견하길 소망한다는 점이다. 당신들의 행복한 아르메니아 여행을 기원하며 책을 마친다.

I
ARMENIA

아르메니아에
가고 싶다